捏什么都可爱！
超实用的黏土手作笔记

Dreamer 木目 编著

爱林博悦 主编

人民邮电出版社
北 京

图书在版编目（CIP）数据

捏什么都可爱！超实用的黏土手作笔记 / Dreamer木
目编著 ；爱林博悦主编. -- 北京 ：人民邮电出版社，
2022.2
ISBN 978-7-115-57610-1

Ⅰ．①捏… Ⅱ．①D… ②爱… Ⅲ．①粘土—手工艺品
—制作 Ⅳ．①TS973.5

中国版本图书馆CIP数据核字(2021)第206061号

内 容 提 要

本书讲解了制作黏土手工制品的基础知识，以超轻黏土为主材料，搭配树脂黏土、瓷玉土、纸黏土等材料，结合丙烯颜料、色粉、珠光水彩颜料上色，手把手教领读者制作出可爱、甜美、梦幻的黏土作品。

全书共六章。第1章介绍了黏土手工制作需要准备的工具与材料；第2章讲解了"搓土"的四大基础手法，着重分享了"低饱和度温和式"的梦幻系调色方法，并带领读者利用前面学到的技能制作可爱的装饰元素；第3章至第6章，作者通过对简单的可爱小物、创意黏土小饰品、黏土摆件、黏土梦幻主题乐园一系列作品的实操讲解，带领读者进行由简到难的系统练习，一步步做出更加精美的黏土手工制品。

本书图文精美、讲解细致，非常适合初学者系统学习制作黏土手工制品，也适合相关行业的从业者阅读、参考。

◆ 编　　著　Dreamer 木目
　　主　　编　爱林博悦
　　责任编辑　宋　倩
　　责任印制　周昇亮

◆ 人民邮电出版社出版发行　　北京市丰台区成寿寺路 11 号
　　邮编　100164　电子邮件　315@ptpress.com.cn
　　网址　https://www.ptpress.com.cn
　　北京捷迅佳彩印刷有限公司印刷

◆ 开本：700×1000　1/16
　　印张：11　　　　　　　　　2022 年 2 月第 1 版
　　字数：282 千字　　　　　　2024 年 12 月北京第 12 次印刷

定价：59.80 元

读者服务热线：(010)81055296　印装质量热线：(010)81055316
反盗版热线：(010)81055315
广告经营许可证：京东市监广登字 20170147 号

前言

大家好!

我是 Dreamer 木日,因为姓"相"所以叫"木日"。

作为一个非美术专业,"前算账专业"从未就业的人员,我不知不觉已经玩了四五年黏土,也算是一个黏土的"老萌新"了。

我从入坑开始一直致力于做一些萌萌哒、圆乎乎的小玩意儿。看着大佬们做出的精美黏土手办,我只能边"献媚盖边""不思进取"地继续做自己的萌物,竟然也逐渐琢磨出了一些"入坑"门槛比较低、风格却又有点儿意思的作品,也尝试把它们变成生活中实用的小物件。

本书展示了很多有趣且实用的黏土小物件,如果你将它们都学会了,甚至可以做出很多作品去参加手工集市哦!我算是一个比较活跃的"黏土人",刚入坑时就在我的微博(微博名:Dreamer 木日)里"孜孜不倦"地分享图片形式的制作过程。当年审美还没"长好",现在想起来倒有点后怕"误人子弟"了,哈哈!

后来短视频兴起,我又开始在短视频平台上(抖音名:捏可爱的木日)分享自己的黏土手作教程,没想到也收获了几十万"粉丝",其中有很大一部分是小朋友——他们可是将来促进黏土手作兴盛的重要储备力量呢!

至于我名字里有个"Dreamer",是因为我是一个爱幻想、爱做梦的女孩子,我脑子里每天都有很多不切实际的想法,并且我一沾到枕头就会做梦。有一天我梦到自己出书了,结果后来我的第一本书就真的出版了!所以人还是要有梦想的,对吧!

最后,感谢所有支持和帮助我的朋友,以及可爱的小编方方,让我有机会实现出书的梦想,向更多的人分享自己对黏土的热爱!

Dreamer 木日

2021 年 2 月

目录
Contents

第1章　材料与工具

第2章　梦幻系黏土手作必备技能

第 1 章

材料与工具

黏土

"巧妇难为无米之炊"，材料是我们制作黏土作品的基础。下面为大家介绍制作黏土作品可能会用到的黏土材料。

超轻黏土

超轻黏土

手感较软，可塑性强，自然风干后重量较轻，市面上售卖的种类较多。图中展示的是小哥比黏土，其质感相对细腻，晾干后不易变形。另外，超轻黏土晾干之后表面会呈亚光状态。

金属色超轻黏土

相较于其他颜色的超轻黏土，金属色超轻黏土较为湿润且黏手。

其他黏土

树脂黏土

比超轻黏土重，风干速度比超轻黏土快，并且晾干后表面有类似软陶的光泽，晾干后的硬度也比超轻黏土高。

瓷玉土

质感类似于树脂黏土，但其整体的延展性、塑形能力都比树脂黏土好，风干后会变得微微透明。

纸黏土

风干速度较快，使用时不拉丝，质感较超轻黏土粗糙，晾干后很轻，像硬泡沫。

黏土作品制作工具

新手不仅要买好的、适合自己的黏土，还要选择恰当的制作黏土作品的工具。制作黏土作品的工具有很多种，既有基础的，也有用于制作特殊纹理和上色的。接下来，我就带大家了解一下这些工具。

基础工具

压泥板

用来搓形状和压黏土片。

擀泥杖

用来擀出薄片。

刀片（短、长）

用来切割黏土。

剪刀（大、中、小）

大号剪刀主要用来剪断较软的金属丝，而中号和小号的剪刀则用来调整黏土的细节或剪掉多余的部分。

丸棒（不同型号）

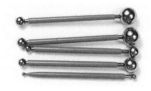

用来压制各种大小的圆形凹槽和花边。

圆头压痕笔（不同型号）

用来压制较小的花边和服饰上的细节，戳较小的洞。

黏土工具三件套

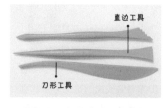

直边工具

刀形工具

用得较多的是直边工具和刀形工具，用来压出多种线条纹路。

木质雕塑工具套装

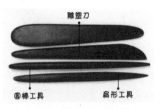

雕塑刀

圆棒工具

扁形工具

比黏土工具更圆润，用来雕刻细节，用得较多的是雕塑刀、圆棒工具、扁形工具。

用来在捏脸这一步骤中雕刻脸部细节。

圆头可用来造型，尖头可用来调整细节。

七本针

用来戳出草坪、毛绒或土壤的粗糙质感。

镊子

用来夹取很小的配件。

细节针

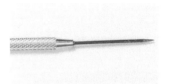

用来戳毛或扎花边。

强力胶

401胶水和焊接剂都属于强力胶，主要用来快速地粘一些配件。虽然本书没有用到401胶水，但在"黏土圈"很多人都会用它。

白乳胶

用来调和树脂黏土，以及粘一些未晾干的黏土部件。

美国白胶

比白乳胶更浓，黏合力更强，也可用来粘羊毛毡。

抹刀

用来刮色粉。

手工垫板

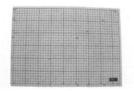

用作DIY的操作面板。

凡士林

涂在黏土表面会使黏土的风干速度变慢，从而延长可操作时间，常用在捏脸这一步骤中被涂于黏土作品的面部。

蛋形工具

用来调整黏土表面的弧度。

酒精棉片

可擦掉丙烯颜料和浅色黏土表面的污渍。

亚克力球

与蛋形工具的功能相似，可按需要选用不同的直径。

牙签与棉棒

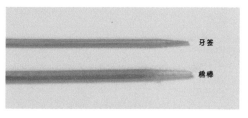

牙签
棉棒

牙签可用来在制作较小的黏土部件时做支撑；棉棒可在蘸水或酒精后，用来擦拭丙烯颜料。二者都可以用作抹胶工具。

梳子

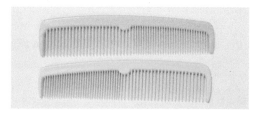

用来搓链条。

翻模与纹理制作工具

印花模具

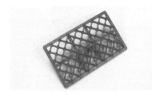

用来印出面积较大的花纹。

压花模具

用来印出面积较小的花纹。

蝴蝶结模具

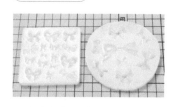

用来翻出蝴蝶结部件。

羊角刷

能在黏土表面刷出毛绒质感。

毛球纹理刷

能将黏土搓成有毛球质感的圆球。

花边刀

用来切出锯齿状的花边。

上色工具

丙烯颜料

用来在黏土表面进行上色绘制，常与勾线笔配合使用。

色粉

使用时，先用抹刀刮下来，再用色粉刷蘸取。能给黏土上色，通常用来给黏土人物刷腮红。

珠光水彩颜料

涂在黏土表面可使黏土呈现出珠光效果。

亮光油

涂在晾干的黏土作品上，能为作品增加光泽感。

色粉刷

用于蘸取色粉，给黏土作品上色。

勾线笔

用于勾勒线条，常配合丙烯颜料、珠光水彩颜料或亮光油使用。

③ 辅助材料与工具

本书中的黏土作品基本都是以装饰品的形式呈现的，其中有耳饰、手镯、胸针等，下面我们来看一看与之相关的辅助材料与工具。

金属小配件

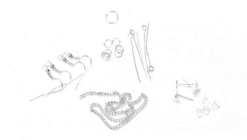

用来做耳饰。

金属大配件

用来做手镯、胸针、戒指和发卡。

磁铁

◇ 用来做冰箱贴。

钳子

用来剪断铜棒。

铜棒

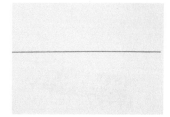

用来做支撑或连接黏土部件。

羊毛

在本书案例中主要用来制作人物的头发。

指套与戳针

指套能保护手指不被戳针戳伤；戳针可将羊毛戳成不同形状。

海绵垫

戳制羊毛毡作品的操作平台。

缝纫线

在本书案例中用来给人物扎辫子。

用于装饰人物的服装。

各种丝带、缎带与装饰布

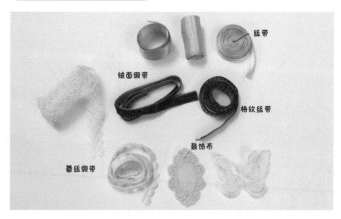

绒面缎带

丝带

格纹丝带

装饰布

蕾丝缎带

（美甲常用的）平底珍珠

可粘在晾干的黏土上作为装饰。

热熔胶枪

用来固定、粘贴丝带、缎带等装饰配件。

羽毛配件

可用作挂件的装饰。

美甲平底钻片

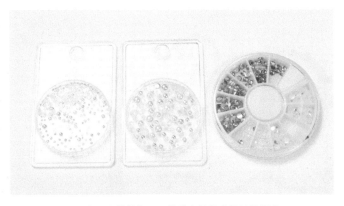

用来粘在晾干的黏土上做装饰，可借助点钻笔进行粘贴操作。

点钻笔

用来点取美甲钻片并将其放在需要装饰的位置。

仿真奶油胶

用来制作仿真甜品。

迷你仿真甜品配件

用来装饰制作好的仿真甜品。

第 2 章

梦幻系黏土手作的糕能

掌握黏土手作基础手法

熟悉了制作黏土作品的工具与材料，还需掌握黏土手作基础手法，这不仅能提高你的制作速度，还能帮助你制作出好看的黏土作品。

揉 将黏土放在双手掌心中间，双手相对旋转，用力均匀且不要太大。

揉圆球

一个标准的圆球不在于球体有多么圆，但要求表面光滑、无裂纹。

 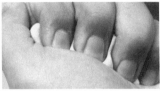

揉圆球之前先检查黏土的湿度（看是否需要加水或甘油调和），并反复揉黏土直至黏土湿度均匀且手感柔软，记得要把黏土里面的气泡挤出来。

将揉好的黏土放在手掌上，双手均匀发力将其揉成圆球。

搓 将搓出的圆球放在双手掌心中，两手前后运动。或将圆球放在桌面上，一只手在桌面上压擦黏土并来回运动。

搓水滴

水滴是圆球的拓展。

双掌呈一个夹角，在球形黏土的一头发力揉搓。

两个手掌只有均匀地发力，控制好揉搓力度才能搓出完美的水滴尖头。

用压泥板搓水滴和用手掌搓的方法是一样的。操作时，让压泥板和桌面呈一定夹角，使用压泥板均匀发力来回搓球形黏土的一头。直至搓出尖头。不同的是，用手掌搓出的水滴比较圆润（适合做"萌物"），用压泥板搓出来的水滴比较整齐、规整。大家可以根据作品需要来选择是否用压泥板搓水滴。

  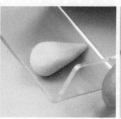 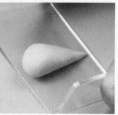

 搓梭形

梭形是水滴的拓展延伸。由此可见，黏土的各个基础形状在制作上都是有一定联系的。

在水滴的基础上，对另一头同样进行搓水滴的操作即可搓出梭形。

梭形的制作难点是，只有两端均匀地发力，才能搓出外形一致的尖头。

用压泥板搓梭形和用手掌搓的做法相同。用压泥板搓出的梭形，其造型会更整齐、均匀，不易失败。但想要一次成型，也需要多多练习！

搓长条

新手用手掌搓长条可能掌握不好力度，需要多练习。用手掌搓长条可以将长条搓得很长、很细，且有利于及时感受长条的粗细并进行调整。

搓长条之前要先揉一个圆球，再逐渐把圆球搓长、搓细。

搓长条时要使用手掌最平的位置，尽量让手掌和桌面平行，均匀发力。

用压泥板搓长条时，先用手把圆球搓长，再用压泥板将其慢慢搓成长条，搓的时候尽量让压泥板和桌面平行。用压泥板搓出的长条比较整齐，通常用来做结构性比较强的物件，如柱子、装饰条等。

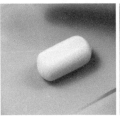

  用手掌或压泥板，将黏土压成块状。

压块状

压块状，顾名思义，就是不能把黏土压得太薄。这个形状可以用于制作黏土作品的底座。

压块状的时候，可把黏土先揉成圆球，再搓成胶囊状，然后用手掌来回下压，直至压成块状。

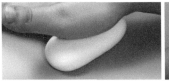

将块状的厚度压得差不多之后，再调整一下形状，使块状更规则。

先揉出一个光滑的圆球，然后再用压泥板将其压平。需注意，不要一下子太用力地按压，不然黏土容易粘在板子上，我们可以分多次、来回压两面，使其逐渐变得更薄。

如果你发现压出的块状有瑕疵（如凹陷），有可能是揉圆球之前没有把黏土里的气泡挤出来，这时就需要重新揉黏土，然后重复以上操作。

擀

主要借助擀泥杖在压扁的黏土块上来回擀压，直至将其擀压成薄片。

 擀薄片

擀薄片时，如果有小气泡出现，就用尖头工具将其扎破再继续擀。

擀薄片之前要把揉圆球和压块状的步骤做好，否则擀出的薄片容易出现烦人的小气泡。

擀薄片的时候也应注意不要用力过大，否则黏土容易粘在擀泥杖上，导致薄片破裂，要轻轻发力，来回擀压，慢慢将黏土块擀薄。

② 掌握"低饱和度温和式"调色与配色技能

购买黏土材料附赠的说明书上通常会有相关颜色的调色比例说明，大家可以按比例去调色。在掌握基本的调色技能后，大家可结合作品效果去调整黏土的搭配比例，从而调出自己需要的黏土颜色。

原色之间的基础混色

原色是指在色彩中不能再分解的基本色彩，如在美术领域里使用的美术三原色——红、黄、蓝。原色之间通过等量或不等量的颜色比例搭配，可以混合出其他颜色（即间色）。而间色与原色或间色与间色之间相互调和，就可以调出区别于原色与间色的其他颜色（也叫复色）。

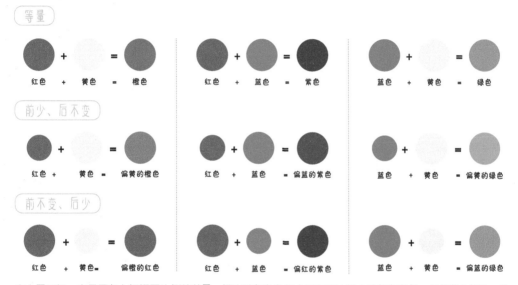

等量

红色 + 黄色 = 橙色 　　 红色 + 蓝色 = 紫色 　　 蓝色 + 黄色 = 绿色

前少、后不变

红色 + 黄色 = 偏黄的橙色 　 红色 + 蓝色 = 偏蓝的紫色 　 蓝色 + 黄色 = 偏黄的绿色

前不变、后少

红色 + 黄色= 偏橙的红色 　 红色 + 蓝色 = 偏红的紫色 　 蓝色 + 黄色 = 偏蓝的绿色

由上图可知，由于原色之间调配比例的差异，调出的颜色色相会倾向于比例大的颜色色相，如偏黄的橙色、偏红的紫色等，建议大家多去尝试不同颜色比例的混色。下面展示了基础12色相调色环，仅给大家做调色参考：

通常，我们熟知的是彩虹的红、橙、黄、绿、青、蓝、紫7种颜色。但是，夹在它们中间的颜色有无数种，更不要说加上黑白两个维度，书中使用的颜色只是颜色海洋里寻常的几滴而已。尽管如此，也有很多相似色，所以我们可以将它们一一命名以进行辨别。

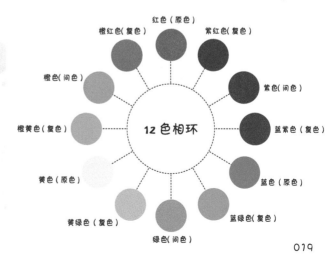

红色（原色）
橙红色（复色）　　紫红色（复色）
橙色（间色）　　　　　紫色（间色）
橙黄色（复色）　　　　蓝紫色（复色）
12色相环
黄色（原色）　　　　蓝色（原色）
黄绿色（复色）　　　蓝绿色（复色）
绿色（间色）

"低饱和度温和式"的调色方法

在本书中，所有作品的配色基本都采取了低饱和度温和式的调色方法，因而调色方法也是本书内容的重中之重。

调色思路解析

1.加白色降低饱和度，使颜色不那么鲜艳。例如在红色中加入不同比例的白色，会呈现出不同程度的粉色，加入的白色越多，粉色越浅。

2.加黑色可以降低明度。例如在红色中加入黑色，当红色占比大时，调出的颜色会偏红色；两者相当则呈现暗红色；黑色占比过大时会呈现偏黑色。

3.加对比色降低纯度。

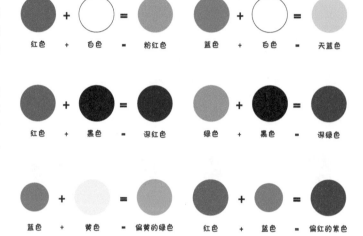

红色 + 白色 = 粉红色　　蓝色 + 白色 = 天蓝色

红色 + 黑色 = 深红色　　绿色 + 黑色 = 深绿色

蓝色 + 黄色 = 偏黄的绿色　　红色 + 蓝色 = 偏红的紫色

4.纯度越高的颜色，视觉冲击力越大。但在本书中，我在调色时却引入了灰色（即白色加黑色），这样调出的颜色虽然视觉冲击力不大，但比较温和，看起来就像蛋糕一样"甜美"。

总之，颜色本身就有无数种，受视觉系统、心理、光源等种种因素影响，每个人对颜色的感知也不尽相同。追求完美的朋友如果调不出和书中作品一样的颜色，千万不要沮丧！书中呈现了大量的调色步骤图，并不是要让大家做出一模一样的作品，而是为了给大家示范"低饱和度温和式"的调色方法。

"低饱和度温和式" 的配色方法

配色其实有非常多的思路，平时我们看到的一些物品体现了色彩美学，而恰当的配色也可以给作品加分。一个作品细节、造型、比例都很好，但看起来却不太协调，很有可能是配色出了问题。

在这里，木目只针对书中的作品分享一下个人的配色心得，希望对大家有所帮助。

配色思路解析

色彩是一种表达。本书的作品整体呈现了可爱、恬静且梦幻的少女感，而木目为了表现这种感觉，采用了以下5种思路来进行配色。

1.一个作品的主要颜色（一眼看过去就能看到的色块）没有超过4种，这样可以避免作品颜色杂乱、无重点。

2.冷暖色搭配，把握色彩平衡感。这针对的是作品里主要颜色的搭配，书中很多作品在配色时都用了这个方法，这样不容易出错！

3.同色系的不同颜色也要有明显的差别，即调出明显不同的相似色。此为书中作品配色常用的手法，如猫咪花园里的各种绿色。

4.用高饱和度、高亮度的颜色营造视觉重点。为避免颜色太平淡，可用亮眼的颜色制造一个或多个视觉重点，以此来抓住观者的注意力。例如糖果屋顶的樱桃、便签夹兔子茶杯里的小花、猫咪手里的水桶等。

5.丰富颜色层次。确定主要配色后还可以在不起眼的地方动一些小心思，尝试多用其他颜色增加并丰富作品细节，但注意不能喧宾夺主，要让人第一眼看到的还是主要配色，细看才发现丰富的细节颜色，如猫咪花园里植物上的各色果子。

以上是本书部分作品的配色思路，能简单地为大家提供一些配色想法。木目非常鼓励大家多去观察生活里的颜色，欣赏不同设计师、画家的作品，以提高"美商"，不再为配色苦恼。也希望大家在学习了书中的调色方法以后，能不厌其烦地多利用它们去尝试调色和配色，能在颜色海洋里尽情徜徉，不被现有的成品色所束缚！记住千万不要拿起成品色就直接使用哦！

掌握可爱的装饰性小元素的制作方法

由于书中黏土作品的风格定位是可爱、梦幻的，在制作时当然就少不了一些可爱的装饰性小元素。有了这些小元素，我们制作出的作品会更可爱。

花边 此处，木目示范了一些比较简单的花边的制作方法，大家可以在这些花边样式的基础上拓展出更复杂的花边。

花边样式1

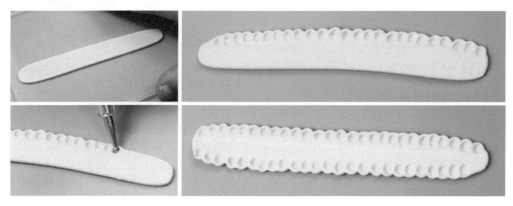

在用压泥板压出的长片上，用圆头压痕笔在其边缘压制出花边。注意控制花边的间距，使其均匀分布，也可根据想要的花边效果，选择压制一边或两边。

花边样式2

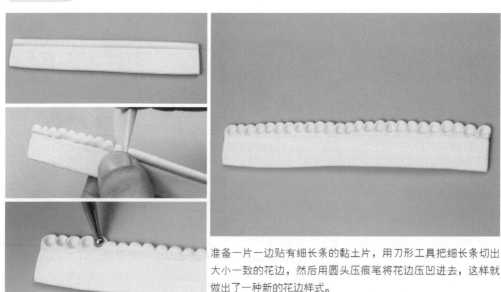

准备一片一边贴有细长条的黏土片，用刀形工具把细长条切出大小一致的花边，然后用圆头压痕笔将花边压凹进去，这样就做出了一种新的花边样式。

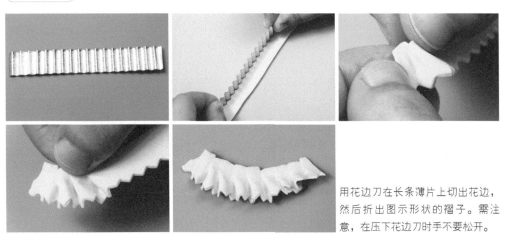

用花边刀在长条薄片上切出花边，然后折出图示形状的褶子。需注意，在压下花边刀时手不要松开。

链条

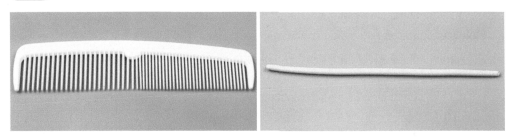

准备一把比较薄的梳子，并把黏土搓成长条。

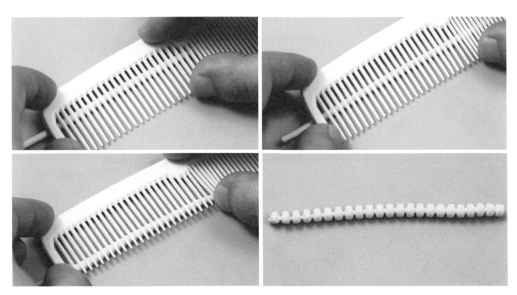

将梳子放在长条上，并让梳子和桌面呈一个夹角，双手拿住梳子并均匀用力将长条来回碾压，这样就能搓出图示形状的链条了。注意来回碾压、搓动时不要用力过猛，以免将链条切断。

蝴蝶结

蝴蝶结作为许多人非常喜欢的一种装饰性元素，在黏土手工制作中使用的频率是非常高的。不过有很多小伙伴总是掌握不好蝴蝶结的制作方法，下面木目给大家分享几种蝴蝶结的做法。

组合拼接制作蝴蝶结

Step 01 取适量黏土先搓出圆球，再用手指将圆球搓成梭形，并调整形状。

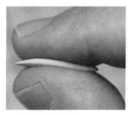   

Step 02 捏扁梭形，使之呈薄片状，然后将其对折，做出蝴蝶结的一边。用同样的做法做出蝴蝶结的另一边。

Step 03

修剪两个蝴蝶结部件的尖端，然后将其组合拼接起来，作为蝴蝶结的上半部分。

Step 04 捏一个梭形薄片，再从中间剪开，将其作为蝴蝶结的下半部分，与上半部分组合起来。

Step 05 压一个扁状的细长条，粘在蝴蝶结中间并剪去多余黏土，再用直边工具在细长条上压出褶痕即可。

   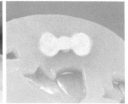

Step 01 准备蝴蝶结模具,在要翻模的蝴蝶结形状中涂上凡士林,然后将黏土均匀地压在要翻模的形状中,注意黏土不高出模具的平面。

 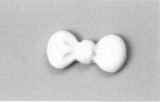

Step 02 等黏土在模具里稍微晾干定型后取出。

 木目说

注意,只要木目写了"等晾干",大家就一定要耐心等待晾干,这是非常重要的!

用丝带制作蝴蝶结

  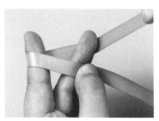

Step 01 准备一条丝带。

Step 02 用右手捏住丝带的一端,用左手的中指和拇指固定住丝带,并用左手的食指托住丝带。注意,食指和中指的距离就是你要制作的蝴蝶结左右两端之间的距离。

Step 03 把丝带从左手的食指后面绕回中指处。

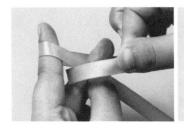 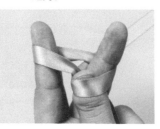

Step 04 将丝带绕过拇指并用拇指将丝带绷住,将其从食指与中指间穿过去。

Step 05 把丝带塞入拇指和中指的缝隙里面

Step 06 从上面把丝带拽出来，收紧打结。

Step 07 调整蝴蝶结的形状，并剪掉多余的部分。

装饰性叶子

书中的作品有花园、绿植等主题，所以不同造型的叶子也是作品中很重要的装饰性元素。下面木目给大家分享几种装饰性叶子的做法。

叶子样式1

Step 01 搓出圆球，再把圆球搓成梭形，然后压扁并调整形状。需注意，此处把压扁的梭形统称为叶子形。

 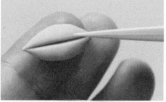 

Step 02 用刀形工具在叶子形中间压出一条叶脉，即可完成一种叶子的制作。大家可按需要去制作一些大小、长短不同的叶子。

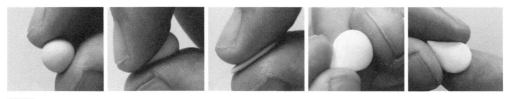

Step 01 将圆球搓成水滴，再压扁并调整形状。

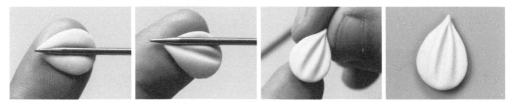

Step 02 用细节针的尖头顺着扁水滴形叶片的尖头方向，压出3条凹痕作为叶片的纹理，完成叶子的制作。

叶子样式3

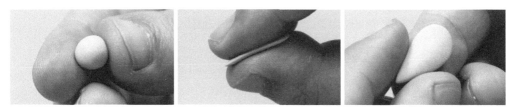

Step 01 捏一个稍长一点儿的扁水滴。

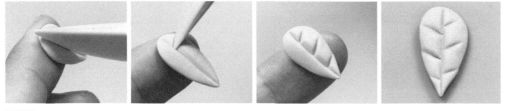

Step 02 用刀形工具先压出叶片中间的主叶脉，再压出主叶脉两侧交错的叶脉纹理，完成叶子的制作。

叶子样式4

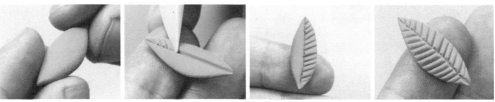

捏一片梭形叶片，用刀形工具先压出主叶脉，再在主叶脉两边压出密集的、大致对称的叶脉纹理，完成叶子的制作。

 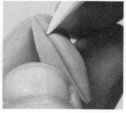  

Step 01 参考叶子样式3、4的做法，做出一片梭形叶片。

Step 02 用刀形工具顺着叶脉侧边压出叶子边缘的形状，完成叶子的制作。

叶子样式6

Step 01 参考叶子样式3、4的做法，做出一片梭形叶片。

Step 02 用刀形工具在叶片侧边压出密集的锯齿状边缘，完成叶子的制作。

第 3 章

萌翻手上你的可爱蛋糕

1 送你一朵"小花花"

- 超轻黏土
- 瓷玉土
- 刀形工具
- 丸棒（多种型号）

- 美国白胶
- 色粉
- 色粉刷
- 剪刀

- 镊子
- 软头抹痕笔工具套装
- 细节针
- 勾线笔

- 丙烯颜料
- 手工垫板

使用基础色

使用混色

粉红色　　　深粉红色　　　淡黄色　　　紫色

Step 01 将瓷玉土和红色黏土按图示比例调成粉红色黏土。注意，制作心形花瓣组合式小花用的粉红色没有标准，此处的调色只做示范，大家可按自己的喜好将颜色调深或调浅。此外，在超轻黏土里加入瓷玉土，可以让作品晾干之后的硬度更大、质感更光滑。

Step 02 取适量粉红色黏土，先搓成小圆球，再用手指把小圆球的一端捏尖并将水滴整体压扁。

Step 03 用刀形工具把扁水滴上端的中间位置压出缺口，再将扁水滴放在中号丸棒上压出弧面（花瓣的一面是平的，一面是有弧度的），这样就得到了一片心形花瓣。用同样的方法一共制作5片心形花瓣。

Step 04 用与花瓣同色的黏土捏一个圆片做底托，然后在底托上涂少许美国白胶，再把花瓣一一粘上去。

Step 05 等花瓣晾干之后，用色粉刷由里向外地在花瓣上刷少许偏深的粉红色色粉。

Step 06 在花瓣根部刷一些红色色粉，让花瓣的颜色更有层次感。

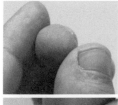   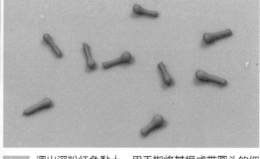

Step 07 调出深粉红色黏土，用手指将其捏成带圆头的细花蕊，然后调整花蕊的长度，制作若干个细花蕊，晾干备用。

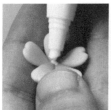 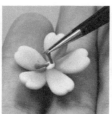 

Step 08 在花心处涂上美国白胶，再借助镊子把花蕊粘在上面，并在花蕊中央粘一颗用淡黄色黏土捏成的小圆球。这样，一朵心形花瓣组合式小花就制作好了。

「 一体式小花 」

  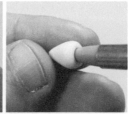 

Step 01 取适量粉红色黏土搓出小圆球，先将小圆球捏成水滴状，再用软头抹痕笔工具套装里的尖头工具在水滴的圆头上戳出凹槽。注意，一体式小花可以做成各种颜色，本案例选用了与心形花瓣组合式小花一样的粉红色。

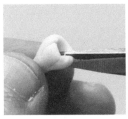   

Step 02 用小号剪刀沿着戳出的凹槽把"水滴"剪成5等份，然后用较大的丸棒把每一等份都压出花瓣的形状，一边压一边用手指把花瓣边缘捏圆。

   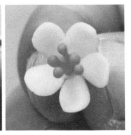

Step 03 用尖头工具在花朵中间戳出凹槽。再在花朵中间粘上与心形花瓣组合式小花一样的花蕊，并用细节针调整造型。注意，在粘花蕊之前。

Step 04 除了上一步展示的花蕊形态，我们还可以直接搓一个淡黄色小圆球粘在花朵中间做花蕊。

 木目没

用来搭配主体的花朵，其颜色、花瓣造型、花蕊形态等都没有要求与限制，制作上较为自由，只要符合制作主题即可。大家可以按照自己的喜好设计、创作！

「 一体式双层小花 」

Step 01 用红色，蓝色黏土按图示比例调出紫色黏土，随后参考一体式小花的制作方法，用紫色黏土制作一大一小两朵小花。

Step 02 用小号剪刀剪掉小花后面的"小尾巴"，再将小花粘在涂有美国白胶的大花中间，做出一朵一体式双层小花。

Step 03

用圆头和尖头工具调整花瓣的形状，让花朵看起来更自然。

Step 04 搓一些白色花蕊晾干，粘在花朵中间，并用细节针调整造型。

Step 05

用勾线笔蘸取黄色丙烯颜料涂在花蕊的顶部，完成一体式双层小花的制作。

② 百态玫瑰

 使用材料与工具

- 超轻黏土
- 瓷玉土
- 牙签
- 白乳胶
- 手工垫板

使用基础色

使用混色

淡黄色、白色及介于二者之间的渐变色

「 玫瑰花苞 」

Step 01 将瓷玉土和黄色黏土按图示比例调成淡黄色，然后用淡黄色黏土搓一个胖水滴。

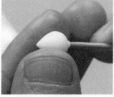

Step 02

用牙签蘸一点儿白乳胶，把胖水滴插在牙签上固定。

Step 03 用手指将黏土捏成薄薄的花瓣粘在胖水滴上，第1层粘3片花瓣。

Step 04 捏出较大的圆形薄片作为第2层花瓣，第2层粘4片花瓣。至此，玫瑰花苞就制作好了。

「 半开玫瑰花 」

Step 01 在玫瑰花苞的基础上制作半开的玫瑰花。第3层花瓣比第2层花瓣更大，第3层粘4~5片花瓣。

Step 02 粘第4层花瓣时，需要用手把花瓣边缘捏成略微向外翻折的形状，第4层粘5~6片花瓣。

「 全开玫瑰花 」

Step 01 以玫瑰花苞为基础，从粘第3层花瓣开始向外翻折花瓣边缘。

Step 02 用与上一步相同的方法，继续在花朵上添加花瓣，一般粘上5层花瓣就能做出一朵全开玫瑰花。

当黏土变得有点儿干时，我们可以在黏土里加入一些白乳胶，然后反复揉搓直至其恢复湿润状态。这个方法既能增强黏土的黏性，又能让黏土保持湿润，是一种非常不错的方法。

渐变色玫瑰制作

Step 01 渐变色玫瑰和全开玫瑰花的制作方法相似，不同点在于制作渐变色玫瑰需在淡黄色黏土中一点点、分布地加入瓷玉土或白色黏土，以调出颜色更浅的黏土用于制作花瓣。制作时，先用淡黄色黏土做出玫瑰花苞。

Step 02 在淡黄色黏土中加入图示比例的瓷玉土调出浅色黏土，然后用浅色黏土贴一层边缘向外翻折的花瓣。

Step 03 取适量浅色黏土，加入等量的瓷玉土调出颜色更浅（接近白色的淡黄色）的黏土，再用这种黏土做一层边缘向外翻折的浅色花瓣。

Step 04 取白色黏土做出玫瑰最外层的白色花瓣。至此，从里到外由淡黄色逐渐变白的渐变色玫瑰就制作完成了。

3 可爱多肉

（使用材料5工具）

- 超轻黏土
- 白乳胶
- 色粉
- 色粉刷
- 手工垫板
- 瓷玉土
- 镊子

（使用基础色）

（使用混色）

青豆绿色　　　　　　浅紫色

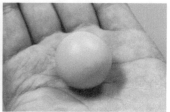

Step 01 将瓷玉土，白色、黄色、蓝色、黑色黏土按图示比例调和成青豆绿色黏土。

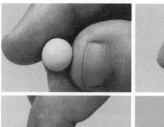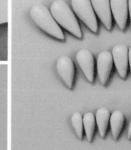

Step 02 取适量青豆绿色黏土捏出一个长水滴。用同样的方法捏出大、中、小3种型号的长水滴作为叶片，数量大致和图中一样即可，晾干备用。

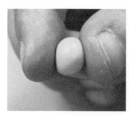

Step 03 捏一个同色的小圆片做底托。

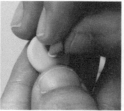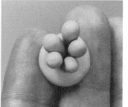

Step 04 用小号叶片的尖头蘸少许白乳胶，将叶片粘在底托中间。

Step 05 采用大叶包小叶的形式，相继粘贴中号、大号的叶片，组合成图示形状的多肉造型。

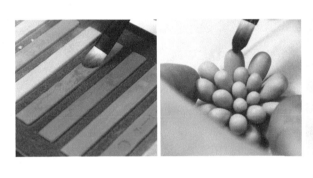

Step 06 等叶片和底托都晾干后，用色粉刷在叶片顶端刷一层橘色色粉。

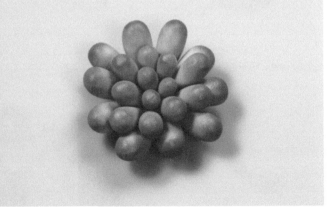

Step 07 在叶片最顶端刷一些红色色粉，完成可爱多肉的制作。

Step 01 将瓷玉土，白色、红色、蓝色黏土按图示比例调和成浅紫色黏土。

Step 02 取适量浅紫色黏土，先捏出一个胖水滴，再把胖水滴的尖头捏平（另一端要保持圆润），做出叶片。

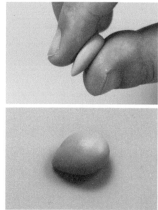 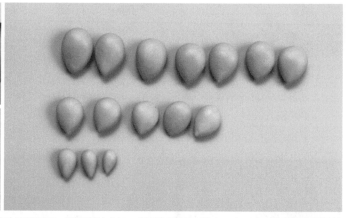

Step 03 轻捏叶片的中间部位，调整叶片的形状。用同样的方法，做出如图所示的大、中、小3种型号及数量的叶片，晾干备用。

Step 04 取适量浅紫色黏土捏一个同色小圆片做底托，将晾干的大号叶片的尖头蘸上少许白乳胶并粘在底托的外围，粘贴效果如图所示。

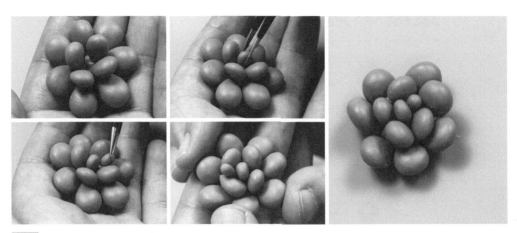

Step 05 借助镊子，在底托上相继粘上中号、小号的叶片，组合成图示形状。

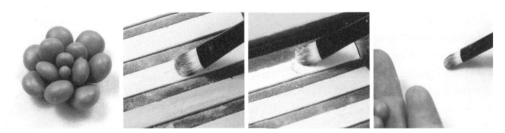

Step 06 等组合好的叶片和底托都晾干后，用色粉刷依次蘸取黄色、白色色粉在纸巾上调和出淡黄色色粉。

Step 07 将淡黄色色粉刷在叶片的内侧和顶部（仅刷部分叶片的顶部），再刷一层黄色色粉适当加深颜色，增加多肉的色彩层次。

使用材料与工具

- 超轻黏土
- 丙烯颜料
- 剪刀
- 棉棒
- 丸棒（中号、小号）
- 色粉刷
- 刀形工具
- 细节针
- 压泥板
- 色粉
- 铜棒
- 珠光水彩颜料
- 勾线笔
- 棒针
- 白乳胶
- 手工垫板

使用基础色

使用混色

淡粉色　　　淡粉色　　　中红色

Step 01 取一块白色黏土揉成圆球，将其作为小兔的头，然后用食指侧面在脸部压出眼窝的大致轮廓，并调整头型。

Step 02 用中号丸棒在嘴部位置压一下，并用手抹平四周。

Step 03 用白色黏土搓一个圆球粘在嘴部位置并用手稍微将其压扁，然后用小号丸棒压出眼窝。

Step 04 将白色和红色黏土按图示比例调和成淡粉色黏土。

Step
05
取适量淡粉色黏土搓两个小圆球粘在眼窝里，同样用手微微将其压扁。

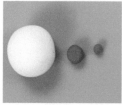   

Step
06
将白色、红色、蓝色黏土按图示比例调和成中红色黏土。此时我发现调出的颜色还不是自己想要的，所以我又加入了少量红色黏土，这个操作在书中案例的混色步骤中非常常见，即通过补充黏土来调出想要的颜色。

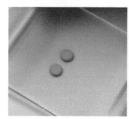 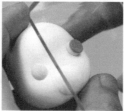  

Step
07
取中红色黏土，用压泥板压出两个薄薄的小圆片，将其粘在眼睛上。

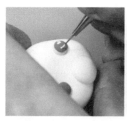   

Step
08
用勾线笔先蘸取白色丙烯颜料画出眼睛上的高光，再蘸取调和的粉红色丙烯颜料画出嘴巴。

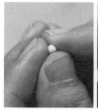 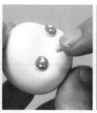 

Step
09
捏一个淡粉色的三角形小鼻子粘在嘴巴上方。

Step 10 用色粉刷给小兔的脸颊和鼻头刷上腮红。

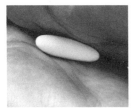

Step 11 取白色黏土，将其搓成一个两端尖的梭形并压扁，做出小兔耳朵的雏形。

Step 12 用棒针在梭形上滚动，压出耳朵的凹槽，再用同样的方法制作出另一只大小一致的耳朵。

Step 13

用剪刀将耳朵的一端剪平，再用棒针调整耳朵的形状。

Step 14

把做好的耳朵粘在小兔的头上。

Step 15 用白色黏土搓一个胖水滴作为小兔的身体（注意小兔的身体要比头小一点儿），再搓两个圆球粘在身体下边的两侧，然后用手将其压平，做出蹲着的双腿。

  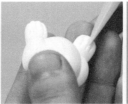 

Step 16 用白色黏土搓两个长水滴粘在腿下边作为小兔的脚，再在屁股后面粘一个小圆球作为尾巴，接着用刀形工具在小兔的脚上刻出脚趾。

Step 17 用白色黏土搓两个长水滴粘在肩膀上做出"双手"，然后用刀形工具在小兔的身体中间压出一条竖线，以模仿毛绒玩具。

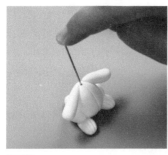  

Step 18 在小兔的身体里插入一根铜棒，将小兔的头与身体组合起来。

Step 19 将白色和红色黏土按图示比例调和成浅粉色（其间我又补充了一点儿红色黏土，因为虽然我们调了3种粉红色，但要让每种粉红色都有明显的差别）黏土。

048

Step 20 用浅粉色黏土做两个蝴蝶结（蝴蝶结由两个压出折痕的胖水滴连接而成），在耳朵下边粘一个与蝴蝶结同色的小圆片，然后再把蝴蝶结粘上去（这样做是为了让蝴蝶结更立体，使其从正面看起来比较美观）。

Step 21 再做一个大的蝴蝶结粘在小兔的脖子上，并用小号丸棒调整蝴蝶结的中心。

Step 22 用淡粉色黏土捏一些水滴形小花瓣，五五组合，借助白乳胶、棉棒和细节针，将其粘在蝴蝶结中间做出五瓣花装饰，接着在花心处粘一个白色小圆球作为花蕊。

Step 23 用勾线笔蘸取白色珠光水彩颜料给花心和蝴蝶结上色，为其制造珠光效果。至此，呆萌小兔制作完成。

5 櫻桃蛋糕

使用材料与工具

- 超轻黏土
- 压泥板
- 白乳胶
- 刀形工具
- 剪刀
- 丸棒（小号）
- 圆头压痕笔（小号）
- 牙签
- 细节针
- 平薄款梳子
- 勾线笔
- 亮光油
- 珠光水彩颜料
- 手工垫板

使用基础色

使用混色

粉红色　　　淡粉红色　　　深红色　　　深绿色　　　奶油色

Step 01

取白色、红色、黄色、黑色黏土，按图示比例调出粉红色黏土。

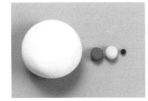

Step 02

取白色、红色、黄色、黑色黏土，按图示比例调出淡粉红色黏土。

Step 03

取适量粉红色黏土揉出一个圆球，接着用压泥板将其微微压扁，再滚动轻压其侧面，如此反复几次，直至将黏土调整成如图所示的厚圆柱。

Step 04 用上一步所示的方法，把适量淡粉红色黏土压成较细且较高的圆柱。

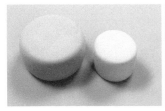

Step 05 用白乳胶把一大一小两个圆柱粘在一起，完成蛋糕主体的制作。

Step 06 用刀形工具在蛋糕顶部压出适量等分的小条痕。

Step 07 取红色和黑色黏土，按图示比例调出深红色黏土。

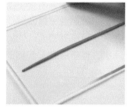 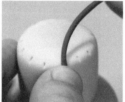  

Step 08 取适量深红色黏土，用压泥板搓出细条，利用剪刀在蛋糕顶部依据压痕贴出半圆形花边。

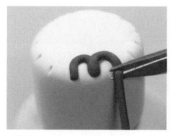  

Step 09 重复上面的操作，在蛋糕顶部贴出一圈花边。

Step 10 取适量白色黏土搓成小圆球并放在花边里面，用小号丸棒压一下小圆球，做出放樱桃的底托。

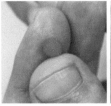 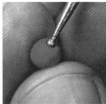 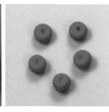

Step
11 取适量红色黏土搓成小圆球，利用小号圆头压痕笔做出5颗樱桃。

  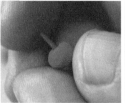 

Step
12 用深红色黏土搓出细条，用剪刀剪下一段固定在樱桃压痕处，作为樱桃叶柄。

Step
13 将樱桃依次粘在底托上。

Step
14 取白色黏土搓出细条并粘在上层蛋糕的侧面，做出一圈大一点儿的半圆花边。

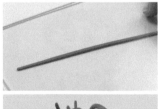 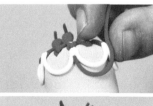

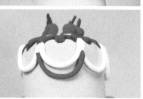 

Step
15 取红色黏土搓出细条，在白色花边下面再加一层花边。

Step 16 取白色、黄色、红色、黑色黏土，按图示比例调出奶油色黏土。

Step 17 取奶油色黏土，用压泥板搓成长条并压扁，然后用刀形工具在黏土片上压出4条平行线，做出奶油片。

Step 18 将奶油片折成花边，注意手指要捏住花边底端，不要破坏上面的形状。

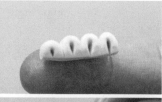

Step 19 用剪刀把奶油花边底部剪成一个平面，再将修剪过的奶油花边贴在上层蛋糕侧面花边的顶部，重复前面奶油花边的制作步骤，给蛋糕贴一圈奶油花边。

 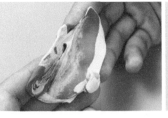 

Step 20 取黄色、蓝色和黑色黏土，按图示比例调出深绿色黏土。

 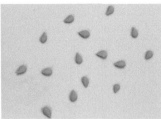

Step 21 取少许深绿色黏土用手指造型，做一些水滴形小叶子。

Step 22 在蛋糕侧面每个花边交接的地方用牙签抹上白乳胶，借助细节针粘上两片小叶子。

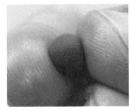  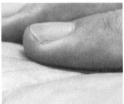 

Step 23 取少量深红色黏土搓成圆球，再把圆球放在手掌上搓成小细条，随后压平。

Step 24 用细节针的尖头卷起薄片，接着用手指轻轻地把薄片卷成花朵。重复上述步骤，根据需要做出适量的花朵。

制作花朵需要注意，在卷花朵的过程中，应用手指向花朵底部施力，不要破坏花朵上边的形状。按照"一下一上、一下一上"的路线卷动薄片。

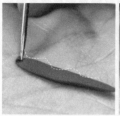   

Step 25 借助牙签，用白乳胶把做好的花朵粘在叶子中间。

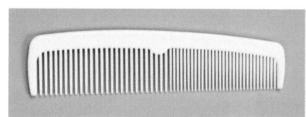 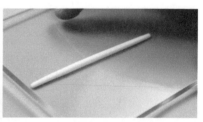

Step 26 准备一个平薄款梳子。取适量奶油色黏土，用压泥板将其搓成长条。此处注意不要将长条搓得过细。

 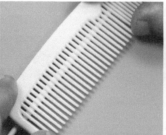 

Step 27 双手平拿梳子，把梳子当成压泥板来回压搓长条，就能得到一条珍珠链条。注意，搓珍珠链条稍微有点儿难度，大家可以多试几次，找找手感。

Step 28 用剪刀修剪珍珠链条两端不规则的部分，然后将珍珠链条绕两层蛋糕的衔接处一圈粘好。

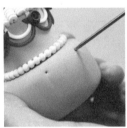

Step 29 用细节针在下层蛋糕的主体上扎洞，将蛋糕侧面大致分成适量等份，然后像上层蛋糕那样，贴出白色、红两色的半圆花边。

Step 30 准备一片奶油片，用手将其折成波浪形花边，同时捏平花边底部。

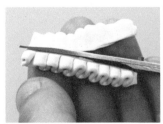

Step 31 用剪刀把花边底部剪掉，再将剩余花边粘在下层蛋糕的花边顶部。按此做法在下层蛋糕上贴一圈花边。

取适量深红色黏土，按步骤17～18中相同的做法折出深红色花边，借助白乳胶与牙签将其粘在上一步制作的奶油色花边上面。注意，此处的深红色花边要比同款奶油色花边窄一些。

Step 33 取适量白色黏土制作与步骤17～18中相同的花边，将其粘在下层蛋糕底部。

Step 34

搓3条白色细条，将其拧在一起后用压泥板调整成圆柱形，做出蜡烛。

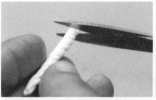

Step 35 修剪蜡烛底部，把蜡烛上端搓细，剪至合适的长度后再搓细，随后把蜡烛粘在蛋糕顶部中心。

Step 36 用勾线笔蘸亮光油刷在樱桃表面，增加樱桃的质感。

Step 37 用勾线笔蘸红色珠光水彩颜料，给花朵制造珠光效果。

Step 38 用勾线笔蘸白色珠光水彩颜料，给蜡烛、白色花边以及花朵边缘制造珠光效果，这样樱桃蛋糕就制作完成了。

喜欢蛋糕的朋友们，下面是木目为大家准备的多款蛋糕黏土作品的效果展示图，快来尝试把这些蛋糕都做出来吧！

奶酪甜心蛋糕

棉糖朵朵蛋糕

浪漫玫瑰蛋糕

巧克力蛋糕

糖果派对蛋糕

櫻桃茶会蛋糕

甜蜜告白蛋糕

糖果彩虹蛋糕

蜜粉甜心蛋糕

魔法精灵蛋糕

第 4 章

创意黏土饰品

贝壳发夹

使用材料5工具

- （白色）超轻黏土
- 勾线笔
- 珠光水彩颜料
- 平底珍珠
- 强力胶
- 蛋形工具
- 丙烯颜料
- 牙签
- 点钻笔
- 手工垫板
- 雕塑刀
- 调色盘
- 压泥板
- 金属发夹

使用基础色

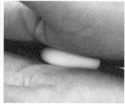

Step 01 取适量白色黏土揉成圆球，用手掌轻轻压扁，然后用手指大致调整出贝壳的外形。

Step 02 把贝壳形黏土放在蛋形工具上，用掌心反复按压，压出一个弧面。

Step 03 从贝壳形黏土中间开始，用雕塑刀切出贝壳的纹路，注意使纹路的间距大体一致。用同样的方法再做一个小贝壳。

Step 04 取适量的白色、黄色和蓝色丙烯颜料，在调色盘中调出粉蓝色。

Step 05 用勾线笔为晾干的白色大贝壳刷上粉蓝色。

Step 06 用适量的白色和黄色丙烯颜料调出淡黄色，刷在晾干的白色小贝壳上。

Step 07 给两个上好色的贝壳再刷一些白色珠光水彩颜料。

Step 08 用牙签在贝壳上点涂强力胶，然后利用点钻笔给贝壳粘一些平底珍珠做装饰。

Step
09 取一些白色黏土，用压泥板压平后粘在粉蓝色贝壳底部，注意白色黏土不要过多。

Step
10 用牙签蘸取一些强力胶涂在金属发夹上（薄薄一层即可），然后将其粘在粉蓝色贝壳底部。

Step
11 按自己的喜好组合两个
贝壳，完成贝壳发夹的
制作。

草莓耳环

使用材料与工具

- 超轻黏土
- 牙签
- 白乳胶
- 圆头压痕笔
- 细节针
- 色粉刷
- 色粉
- 纸巾
- 亮光油
- 勾线笔
- 钳子
- 强力胶
- 手工垫板
- "O"形链
- "9"形针、开口圈、耳钩等耳环配件

使用基础色

使用混色

肤色

肉粉色

绿色

Step 01 用白色、黄色、红色黏土按图示比例调和出肤色黏土。

Step 02 用肤色和红色黏土按图示比例调和出肉粉色黏土，随后做出两个肉粉色小圆球。

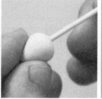

Step 03 将小圆球捏成水滴，再把水滴的底部压平，就得到了草莓的外形。然后用牙签蘸取少许白乳胶，把草莓插入并固定在牙签上。

Step 04

用最小号圆头压痕笔在草莓上戳出一些小孔。用相同的方法再做一个草莓并晾干。

Step 05

将晾干的草莓放在纸巾上，用色粉刷蘸取黄色色粉，从下往上为其刷一层薄薄的黄色色粉，接着再刷一层橘黄色色粉。

Step 06

继续从草莓尖向草莓底部由轻到重地刷上深橘色色粉，让草莓顶部保持浅色。

Step 07 从草莓尖向草莓底部，由重到轻地刷上红色色粉。

 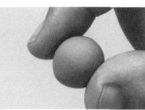

Step 08

将黄色、蓝色、红色和黑色黏土按图示比例调和成绿色黏土。

   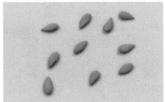

Step 09 用调出的绿色黏土捏一些扁水滴形小叶子。

  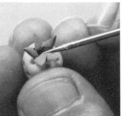 

Step 10 借助细节针把小叶子粘在两颗草莓的底部。

11

准备耳钩、"O"形链、"9"形针、开口圈等耳环的配件。然后根据草莓的实际大小用钳子调整两根"9"形针的长度。

Step 12 将"9"形针蘸一点儿强力胶后分别插进两颗草莓。

Step 13

用勾线笔在草莓的表面涂一层亮光油。

Step 14 借助钳子，用开口圈连接"9"形针和"O"形链。

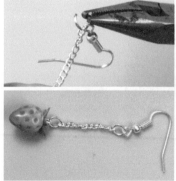 

Step 15

继续用开口圈连接"O"形链和耳钩，这样一对草莓耳环就制作完成了。

3 松鼠耳坠

【使用材料5工具】

- 超轻黏土
- 圆头压痕笔
- 细节针
- 压泥板

- 剪刀
- 刀形工具
- 丸棒（小号）
- 勾线笔

- 丙烯颜料
- 钳子
- 牙签
- 强力胶

- 手工垫板及平底耳钉
- "O"形链
- "9"形针、开口圈等金属配件

【使用基础色】

【使用混色】

红棕色　　　　　粉棕色　　　　　深棕色　　　　　浅咖色　　　　　粉红色

「 开始制作 」

 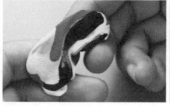 

Step 01 ▸ 将黄色、红色、黑色黏土按图示比例调成红棕色黏土。

Step 02 ▸ 搓两个红棕色小圆球，用手指反复轻轻按压小圆球，调整出松鼠的头。

Step 03

用手指将头调整成馒头的形状。

  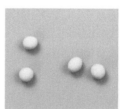 

Step 04 ▸ 用红棕色黏土与白色黏土调出粉棕色黏土。

Step 05 用粉棕色黏土搓4个小球，随后用最小号圆头压痕笔标记松鼠脸的中心点。

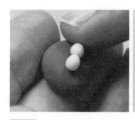   

Step 06 ▸ 分别将两个小圆球粘在松鼠脸的中心点上做嘴巴，然后用细节针戳一些毛孔。

Step 07

将黄色、红色、黑色黏土按图示比例调成深棕色黏土。

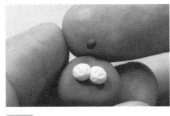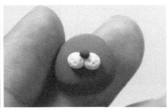

Step 08 搓一个深棕色小圆球粘在嘴巴上做鼻子。

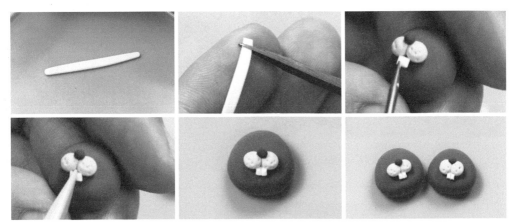

Step 09 取适量白色黏土，用压泥板搓成小细条后压平，然后用剪刀剪出一个方块粘在松鼠嘴巴位置的下方做牙齿，再用刀形工具在牙齿中间压一下。

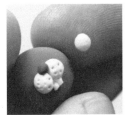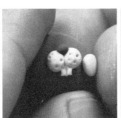

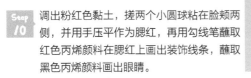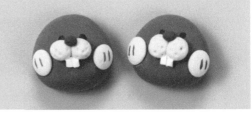

Step 10 调出粉红色黏土，搓两个小圆球粘在脸颊两侧，并用手压平作为腮红，再用勾线笔蘸取红色丙烯颜料在腮红上画出装饰线条，蘸取黑色丙烯颜料画出眼睛。

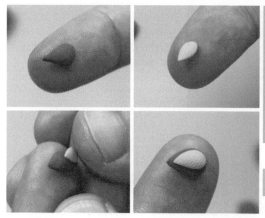

Step 11 分别用红棕色黏土捏一个稍大的水滴，用浅咖色黏土捏一个稍小的水滴，把它们粘在一起作为耳朵。

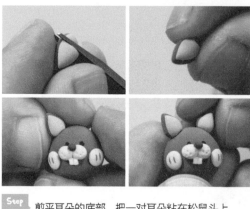

Step 12 剪平耳朵的底部，把一对耳朵粘在松鼠头上。

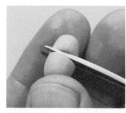

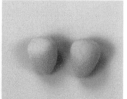

Step 13 用剪刀将浅咖色黏土分成两半，再捏成两个橡果。

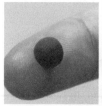
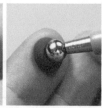

Step 14 取适量深棕色黏土搓出圆球，用小号丸棒按压一下，做出橡果顶部的盖子。

 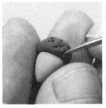 

Step 15

用细节针在橡果的盖子上戳出小孔，以增加质感。

Step 16 搓出深棕色小细条粘在橡果上，作为果柄，再修剪至合适的长度。

Step 17 准备好制作松鼠耳坠需要的配件，等松鼠头和橡果都晾干之后，借助强力胶与牙签把松鼠头粘在平底耳钉上。

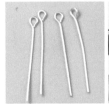 

Step 18

拿出4根"9"形针，并用钳子调整"9"形针的长度。

Step 19 用钳子夹住"9"形针蘸少许强力胶后，将其插入橡果的侧面。

Step 20 在松鼠头的底部插入一根"9"形针。

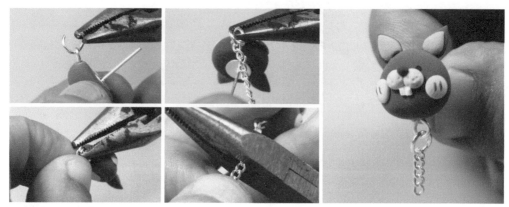

Step 21 用开口圈连接松鼠头底部的"9"形针和"O"形链。

Step 22 用一个开口圈将橡果连接在"O"形链上，这样松鼠耳坠就制作完成了。

④ 小熊耳钉

使用材料与工具

- 超轻黏土
- 剪刀
- 丙烯颜料
- 强力胶
- 手工垫板
- 压泥板
- 勾线笔
- 牙签
- 平底耳钉配件

使用基础色

使用混色

棕色

粉棕色

粉红色

误棕色

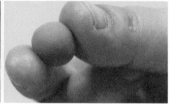

Step 01 将黄色、红色和黑色黏土按图示比例调成棕色黏土。

Step 02

用棕色黏土加适量白色黏土调出粉棕色黏土。

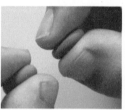

Step 03 搓两个棕色小圆球，用手指轻轻捏扁，再搓两个粉棕色小圆球分别粘在棕色圆片中间靠下的位置，作为小熊头。

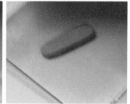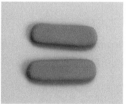

Step 04 搓两个棕色小圆球，用压泥板搓成长条后压扁，用来制作小熊的耳朵。

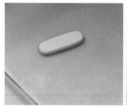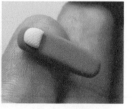

Step 05 用同样的方法压出略小的粉棕色长条，然后拿剪刀剪下粉棕色长条两端的半圆粘在棕色长条的两端。

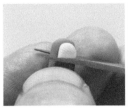 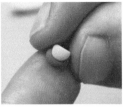  

Step 06 剪下棕色长条的两端，同时微调剪下部分的造型，然后把做好的耳朵粘在小熊头上。用同样的方法将另一只小熊的耳朵也粘上。

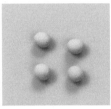   

Step 07 调粉红色黏土搓出4个小圆球，将其粘在小熊的脸颊上后用指腹压扁，作为腮红。

  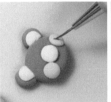  

Step 08 依次用勾线笔蘸取红色和黑色丙烯颜料，在小熊脸上画出腮红装饰线、眼睛和嘴巴。

Step 09 调深棕色黏土搓一个小圆球粘在嘴巴上做鼻子。

  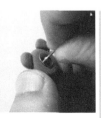 

Step 10 借助牙签，用强力胶把做好的小熊头粘在平底耳钉配件上，完成小熊耳钉的制作。

5 茶壶戒指

使用材料与工具

- 超轻黏土
- 瓷玉土
- 压泥板
- 刀形工具
- 圆头压痕笔（大号、小号）
- 剪刀
- 雕塑刀
- 棉棒
- 白乳胶
- 强力胶
- 牙签
- 丸棒（中号、小号）
- 丙烯颜料
- 勾线笔
- 调色盘
- 戒指托配件
- 镊子
- 蝴蝶结模具
- 亮光油
- 手工垫板

使用基础色

使用混色

暗粉色

Step 01 取适量瓷玉土，先搓成圆球，再用压泥板压成圆片，做出盘子的基本造型。

Step 02 用刀形工具在圆片边缘压出花边。

  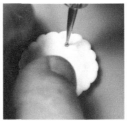 

Step 03 用大号圆头压痕笔把花边依次压下去，再用小号圆头压痕笔戳一圈花纹作为装饰。

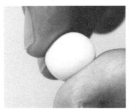 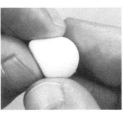  

Step 04 取适量瓷玉土搓成圆球，再用手将其捏成一个胖水滴，然后用剪刀将胖水滴的顶部剪平，作为茶壶的主体。

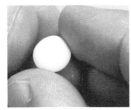   

Step 05 用瓷玉土捏一个小圆片，然后用雕塑刀在上面压出花纹，做出茶壶的盖子。

Step 06 用棉棒在茶壶主体的顶部涂上白乳胶，把茶壶盖子粘在上面。

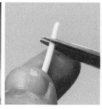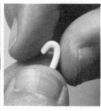

Step 07 将瓷玉土搓出细条并调整长度，然后用手将其折成倒"C"形，粘在茶壶的主体上作为手柄。

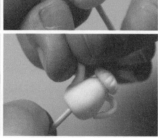

Step 08 将瓷玉土搓出细条，用剪刀剪切细条，做一个茶壶嘴，注意剪刀剪切的方向。另外，为茶壶添加细节时可在茶壶底部插一根牙签，以便操作。

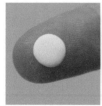

Step 09 捏一个小圆片，先压出纹路，再用中号丸棒压出一个窝，做出一个小茶盘。

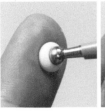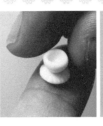

Step 10 捏一个小圆球，用小号丸棒在小圆球中间压出凹槽，做出一个小杯子，然后将小杯子粘在小茶盘上。

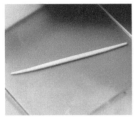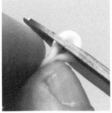

Step 11 搓一根小细条，对折后用剪刀剪下"U"形部分并将其粘在茶杯上作为手柄，至此做出了与茶壶配套的茶杯。注意，操作时也可用牙签固定茶杯。

Step 12 用红色、黄色、黑色、白色4种丙烯颜料调出图中所示的暗粉色丙烯颜料。

Step 13 用勾线笔和暗粉色丙烯颜料分别给茶壶、茶杯、盘子等物件画上花纹。

Step
14
因为茶壶的盘子是平底的，所以我们先在戒指托上粘一层白色黏土做出一个平面。

Step
15 给戒指托上的白色黏土涂上白乳胶，把晾干后的盘子粘上去。

Step
16 在盘子上涂上强力胶，借助镊子把晾干后的茶壶和茶杯都粘在盘子上。

Step
17 拿出蝴蝶结模具，将白色、红色、黄色、黑色黏土按图示比例调出暗粉色黏土。

Step 18 用模具翻模做出一个暗粉色小蝴蝶结（也可以自己捏），将其粘在茶壶盖上。

Step 19 给戒指托上的所有物件涂上亮光油，增加物件的光泽、质感，完成制作。

6 多肉手环

使用材料5工具

- 超轻黏土
- 瓷玉土
- 丸棒（大号）
- 白乳胶
- 棉棒
- 色粉
- 色粉刷
- 手环配件
- 强力胶
- 手工垫板

使用基础色

使用混色

肉粉色

青绿色

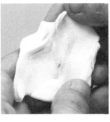
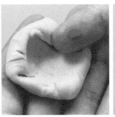

 Step 01 用瓷玉土和白色、红色、黄色、黑色黏土按图示比例调和出肉粉色黏土。

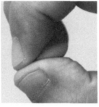

Step 02 取肉粉色黏土搓一个小圆球，再轻轻地将其两头捏尖，然后将黏土的一端捏出一个尖头，做出红宝石多肉的叶子。

Step 03 把叶子放在大号丸棒上，用手压出如图所示的弧度。

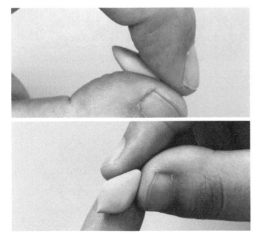

Step 04 用手调整叶子根部的形状。

 Step 05 用同样的方法捏出适量的6种型号的叶子。

087

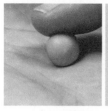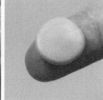

Step 06

搓一个暗粉色小圆球，再将其捏平作为组合多肉叶子时用的底托。

Step 07 取晾干的最大号多肉叶子，在其底部蘸少许白乳胶后，依次在湿的底托上粘一圈。

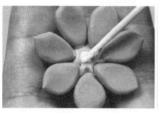

Step 08 用暗粉色黏土做一个更小、更薄的底托，借助棉棒和白乳胶将其粘在第一层底托中间。

Step 09 重复前面的步骤，把多肉的叶子由大到小、一层层粘上去，这样多肉的外形就做好了，等晾干后再进行上色。

Step 10 用色粉刷蘸取红色色粉给多肉边缘上色。

Step 11 拿出手环，先在手环底托上涂上强力胶，再粘上一块青绿色黏土（本书第162页有此黏土颜色的具体调色方法）做底托。

Step 12 准备好在第2章、3章制作的多种叶子、小花，及晾干的多肉植物和手环。

Step 13 用强力胶将多肉粘在手环底托的合适位置。

Step 14 把准备的所有小花搭配好并粘在手环底托的合适位置。

Step 15 把叶子搭配好并粘在手环底托的合适位置。

Step 16 用色粉刷给浅粉色花瓣刷上粉红色色粉，再蘸取红色色粉加深花朵边缘的粉色。

Step 17 给玫瑰花刷上浅黄色和深黄色色粉进行晕染。

Step 18 给叶子边缘刷上一些橘色色粉。

Step 19 给多肉再刷一些红色色粉，完成多肉手环的制作。

7 "咩咩头"胸针

使用材料5工具

- 超轻黏土
- 凡士林
- 圆头压痕笔
- 软头抹痕笔工具套装
- 圆棒工具

- 扁形工具
- 丸棒（中号、小号）
- 丙烯颜料
- 勾线笔

- 调色盘
- 色粉
- 色粉刷
- 剪刀

- 细节针
- 压泥板
- 棉棒
- 亮光油

- 圆形胸针配件
- 白乳胶
- 强力胶
- 手工垫板

使用基础色

使用混色

| 粉紫色 | 课红色 | 浅肤色 | 淡黄色 | 浅粉色 | 橘红色 | 课绿色 | 浅蓝绿色 |

Step 01 用肤色黏土加白色黏土调出浅肤色黏土。随后取适量浅肤色黏土搓出圆球并用手掌轻按压扁,再在表面涂一些凡士林,准备开始捏脸。

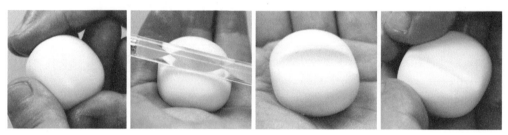

Step 02 用手先捏出脸形,再用圆头压痕笔在脸中间压出眼窝的大致轮廓,然后用手指轻轻地把眼窝上方即额头处抹平。

Step 03 用圆棒工具调整出脸部和嘴部,并用手指反复抹平工具压出的硬线条。

Step 04 继续用圆棒工具向上推出吻部，用手把嘴部位置压下来。

Step 05 用软头抹痕笔工具套装里的圆头工具把吻部调整得圆润一点儿。

Step 06 用软头抹痕笔工具套装里的尖头工具轻轻地压出唇线。

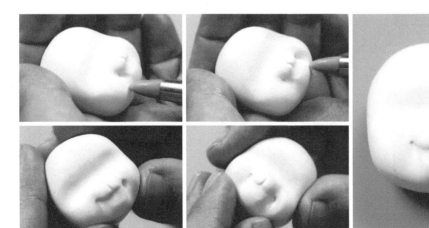

Step 07 用圆头工具在嘴的两边压出下巴的大致轮廓，并调整脸形。

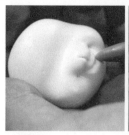

Step
08 借助软头抹痕笔工具套装多种笔头的塑形功能压出嘴巴并加深唇线，然后再用手调整下巴，完成脸部的捏制。

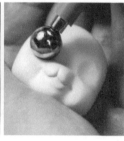

Step
09 用中号丸棒压出眼窝的具体轮廓，继续用手调整脸形。

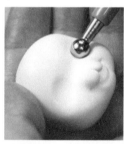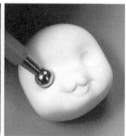

Step
10 用小号丸棒压出眼眶，并再次调整脸形。

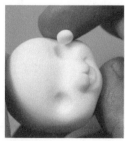

Step
11 在眼眶里填上浅肤色黏土作为眼珠，注意不要让眼珠凸出来，因此黏土要适量。

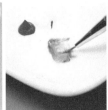

Step 12 准备白色、蓝色、红色、黑色丙烯颜料。用蓝色和白色丙烯颜料调出浅蓝色丙烯颜料，用勾线笔蘸取后画出眼睛。

Step 13

用红色丙烯颜料画出嘴巴，再用白色丙烯颜料画出眼白和眼珠上的高光。

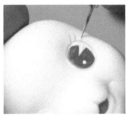

Step 14 用勾线笔蘸取灰色丙烯颜料依次画出眼眶、睫毛和眉毛，并用白色给睫毛和眉毛描边。

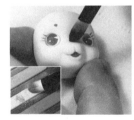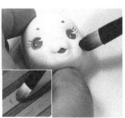

Step 15 用色粉刷蘸取浅粉色色粉，刷在眼周、双眼之间和脸颊上，接着用桃红色色粉加深颜色。

Step 16 用深红色黏土捏一个三角形的鼻子粘在嘴巴上方。

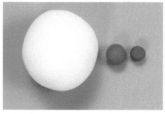  

Step 17 出白色、蓝色、红色黏土按图示比例调和出粉紫色黏土。

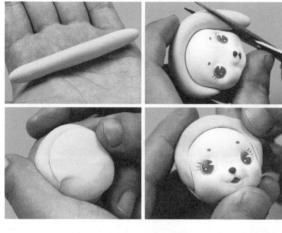 

Step 18 等脸部干透后，搓出粉紫色细条粘在头顶做头发并修剪其长度，再在脑后也粘一层粉紫色黏土做头发，然后调整头型和发际线。

Step 19 在额头上补一块三角形发片并用手调整发型，随后用尖头工具调整发际线。

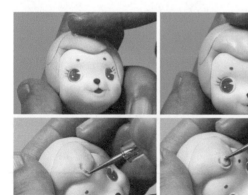 

Step 20 在头顶上抹一层凡士林，然后用最小号圆头压痕笔在头发上刻出螺旋状图案。

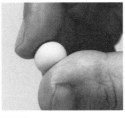 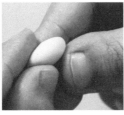  

Step 21 捏一个和头发颜色一样的叶子做耳朵。

Step 22 在耳朵上粘一片更小的浅肤色叶子，轻捏两片叶子，并用圆棒工具在上面压出一个竖向凹槽。

Step 23 继续用圆棒工具调整耳朵的形状，并用剪刀将耳朵底部剪平。用同样的方法制作出另一只耳朵。

Step 24

把耳朵粘在头的两侧。

Step 25

在耳朵里边刷上粉红色色粉，这样"咩咩"的头部制作就完成了。

Step
26 按图示步骤，借助扁形工具与剪刀，用淡黄色黏土做一个蝴蝶结。

Step
27 用淡黄色黏土做一个发带粘在"咩咩"的头上，然后把蝴蝶结粘在发带的接缝处。

Step
28 取浅粉色黏土搓出长条，对折，再扭成一条麻花状黏土条。

Step
29 把麻花状黏土条盘成圆，再用同样的方法盘出两个尺寸更小的圆，其中尺寸最小的圆用白色黏土制作。

Step 30 把3个圆粘在一起做成蛋糕粘在"咩咩"的头上，并用小号丸棒在顶部压出一个窝。

 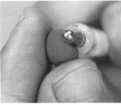  

Step 31 取适量红色黏土捏出圆球，用圆头压痕笔笔杆按压圆球的中间，随后用细节针在凹痕里戳一个洞，做出樱桃的外形。

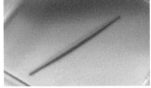  

Step 32 取深绿色黏土搓成长条，给樱桃做一个果柄粘在樱桃上，再将樱桃粘在蛋糕顶部。

Step 33 参考第3章樱桃蛋糕里玫瑰花的制作方法，用白色、浅蓝绿色、淡黄色黏土做一些小花，并借助棉棒与白乳胶将其粘在蛋糕旁边。

Step 34 用勾线笔蘸取亮光油涂在樱桃、眼睛和鼻子上。

Step 35 取白色黏土，用压泥板压一个小圆片粘在"咩咩"的脑后。

Step 36 拿出圆形胸针配件，在小圆片上涂上强力胶后把圆形胸针配件粘上去，这样 "咩咩头"胸针就做好了。

第 5 章

黏土手工染色篇

蛋糕冰箱贴

「 开始制作 」

Step 01 取出适量纸黏土，搓出圆球，用压泥板将圆球压成一个圆柱，做出蛋糕的外形。

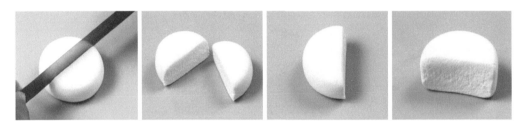

Step 02 用长刀片把圆柱切开两半，这样就得到了两块蛋糕。

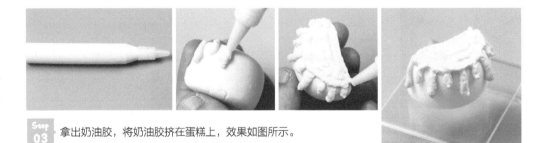

Step 03 拿出奶油胶，将奶油胶挤在蛋糕上，效果如图所示。

Step 04 取适量淡黄色黏土，先搓成圆球，再把圆球的一边捏尖，捏出水滴做蛋白糖，然后用黏土工具三件套中的直边工具压出蛋白糖的纹路。用同样的方法一共制作4颗蛋白糖。

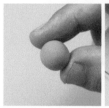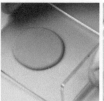

Step 05

用棕色黏土加白色黏土调出浅棕色黏土，先搓成圆球，再用压泥板压扁。

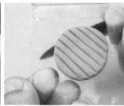

Step 06 用雕塑刀在圆片上切出方格。

Step 07 沿着方格的纹路，用剪刀将圆片修剪成扇形。

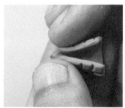

Step 08 用手将扇形卷成一个圆锥并修剪，就做出了甜筒，晾干备用。

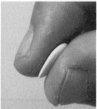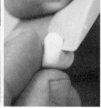

Step 09 用淡蓝色黏土捏一个水滴，然后用刀形工具在水滴上方中间位置切一下做成心形，接着用细节针沿心形边缘扎出花边。

  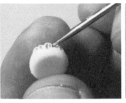 

Step 10 取粉红色黏土搓两个小圆球，压平，并用细节针把边缘戳出"毛边"。

Step 11 压一个白色小圆片做马卡龙的夹心。用白乳胶将马卡龙组合起来。

Step 12 等甜筒晾干之后，用米黄色黏土搓成圆球粘在甜筒上做冰激凌，再搓一根细条粘在冰激凌和甜筒衔接的地方，用细节针戳小孔，做出冰激凌甜筒。

Step 13 等所有部件晾干后，用白乳胶与牙签将其粘在蛋糕上（前面已讲草莓的做法，此处就不再介绍），并加一些迷你仿真甜品配件。

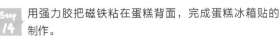

Step 14 用强力胶把磁铁粘在蛋糕背面，完成蛋糕冰箱贴的制作。

② 小仙女风铃

使用材料与工具

- 肤色树脂黏土
- 捕梦网铁圈
- 绒面缎带
- 热熔胶
- 剪刀
- 羽毛配件
- 包扣

- 开口圈（大号、小号）
- 钳子
- 圆头压痕笔（多种型号）
- 软头抹痕笔工具套装
- 丸棒（中号）
- 丙烯颜料
- 勾线笔

- 色粉
- 色粉刷
- 羊毛
- 戳针
- 海绵垫
- 指套
- 白乳胶

- 牙签
- 缝纫线
- 刀形工具
- 扁头工具
- 蕾丝花片
- 美甲平底钻片
- 点钻笔

- 强力胶
- 蝴蝶布
- 细节针
- "9"形针
- 丝带
- 缎带
- 手工垫板

使用基础色

使用混色

嫣红色   肤色   深红色

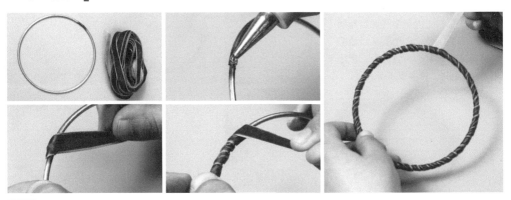

Step 01 准备捕梦网铁圈和绒面缎带，用热熔胶把缎带的一端粘在铁圈上，然后用缎带缠绕铁圈一圈。

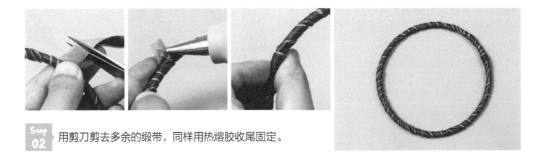

Step 02 用剪刀剪去多余的缎带，同样用热熔胶收尾固定。

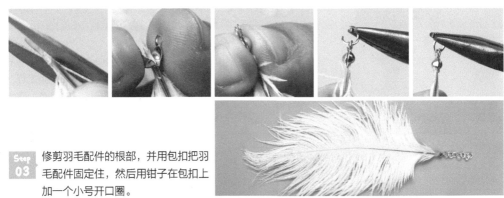

Step 03 修剪羽毛配件的根部，并用包扣把羽毛配件固定住，然后用钳子在包扣上加一个小号开口圈。

Step 04 用大号开口圈把羽毛配件固定在铁环上。

Step 05

用肤色树脂黏土捏一个圆球。与制作"咩咩头"一样，用圆头压痕笔的笔杆压出眼窝的大致轮廓，然后用手调整脸形，抹平硬线条。

Step 06

用圆头压痕笔在脸部中间轻轻压出嘴唇的范围，同样用手抹平硬线条。

Step 07

用软头抹痕笔工具套装中的圆弧切面工具和圆头工具，分别压出嘴巴的线条、戳出嘴角，再用小号圆头压痕笔压出下巴。

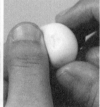

Step 08 用中号丸棒压出具体的眼窝，依旧用手抹平。

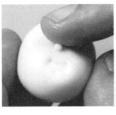 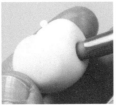  

Step 09 捏一个圆球粘上去作为小鼻子，再用圆头工具在头的底部戳一个"脖洞"。

 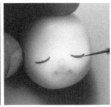 

Step 10 准备白色、红色、棕色3种丙烯颜料。用勾线笔蘸取棕色丙烯颜料画出眼睛、睫毛和眉毛等。

Step 11 用勾线笔蘸取红色丙烯颜料画出嘴唇。

Step 12 用勾线笔蘸取白色丙烯颜料画出眼睑上的高光线条和嘴巴上的高光，然后用色粉刷蘸取粉色色粉刷上腮红（下巴、鼻子等部位也要刷），并补上两颊的高光。

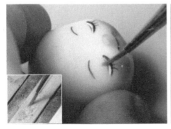 

Step 13 用勾线笔蘸取黄色色粉刷上眼影，完成小仙女脸妆的绘制。

Step 14 戴上指套，将黄色羊毛放在海绵垫上，用戳针戳出一个发片。

Step 15 借助牙签，用白乳胶把发片粘在仙女的头顶（为方便操作，可先用圆头压痕笔做支撑）。

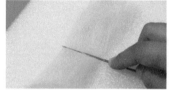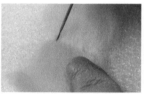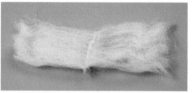

Step 16 准备一片黄色长片状羊毛，确定发缝后用戳针把发缝戳实，做出长发片。

Step 17 用剪刀修剪发缝中间多余的碎发，同时给头顶涂上一层白乳胶，并用牙签将白乳胶涂在头顶的发片上。

Step 18 将发缝对准头顶中间，把长发片粘上去，并用手调整。

Step 19 用缝纫线把两边的头发扎成双马尾。

Step 20 修剪马尾的长度，并用手指把马尾末端搓尖。

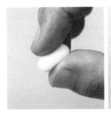    

Step 21 取适量肤色树脂黏土搓出长条，捏出手臂和手掌，把手掌捏扁，然后用剪刀修剪手臂的长度。

   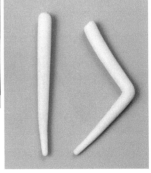

Step 22 在手掌上剪出大拇指并调整手形。用此方法做一双手（本案例中的"手"包含手臂和手掌），此处需注意左右手大拇指的朝向。

Step 23 取适量肤色树脂黏土搓成一端粗、一端细的长条做腿，确定腿的长度后借助刀形工具将其中一条腿弯折。

Step
24

用白色、红色、黄色、黑色黏土按图示
比例调和出嫣红色黏土。

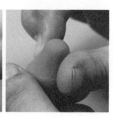

Step
25

用嫣红色黏土搓一个圆球，并把圆球的
一端捏细。

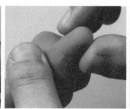

Step
26 捏住黏土细的一端，采用一边旋转一边捏的手法将另一端捏成图示形状，做出小仙女的裙子。

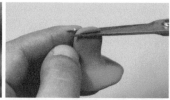

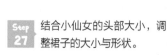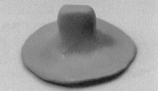

Step
27 结合小仙女的头部大小，调
整裙子的大小与形状。

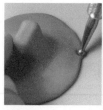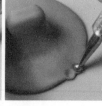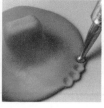

Step
28 用小号圆头压痕笔在裙子边缘压出花边。

Step 29 用大号圆头压痕笔在裙子顶部戳出"脖洞"，并用剪刀修剪肩膀的形状。

Step 30 用扁形工具按照一上一下的方式压裙边，做出裙褶。

Step 31 取肤色树脂黏土搓出细条，晾干后插入"脖洞"作为脖子，随后调整脖子的长度，再把头组装上去。

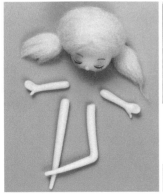

Step 32 拼出身体动态，确认双手、双腿的长度是否合适，如过长可适当修剪。

Step 33 搓出嫣红色细条，剪掉多余的部分，用小号丸棒在一端戳出小孔，将手臂插入小孔中，即给手臂加上嫣红色的袖子。

Step 34 对照身体比例修剪袖子的长度。用同样的方法为另一只手臂也加上袖子。

  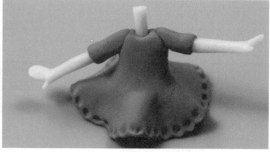

Step 35 借助白乳胶与牙签，把双手粘在身体上，并调整姿势。注意，操作时要将头取下。

Step 36 等身体基本晾干之后，用热熔胶给裙子下边加一片蕾丝花片。

Step 37 对照身体比例，修剪双腿的长度。

114

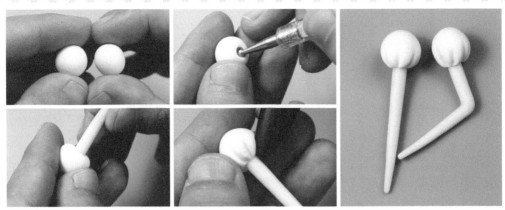

Step 38 用乳白色黏土搓两个圆球，用中号圆头压痕笔戳出"腿洞"后，将圆球组合在腿上，并用扁头工具压出褶皱做出南瓜裤。

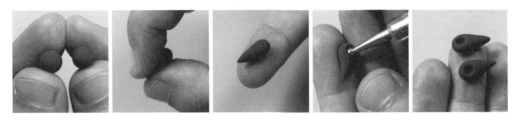

Step 39 取深红色黏土做出两个水滴，用小号圆头压痕笔压出凹槽做出鞋子。

Step 40 修剪腿的下端并把鞋子粘在腿上。

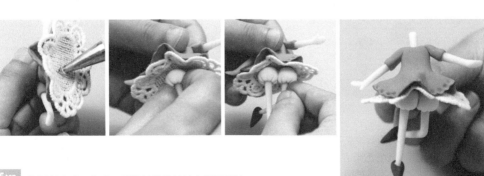

Step 41 等腿基本晾干之后，用热熔胶将其粘在裙子下边。

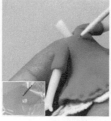

Step 42 借助牙签、强力胶和点钻笔，给裙子粘上美甲平底钻片做装饰。

Step 43 用强力胶把头固定在脖子上，注意调整头部姿势。

Step 44 拿出蝴蝶布，用热熔胶将其粘在小仙女背后做出翅膀。

Step 45 用细节针在头顶戳出小洞，然后调整"9"形针的长度，在末端涂上强力胶后将其插入小仙女头部。

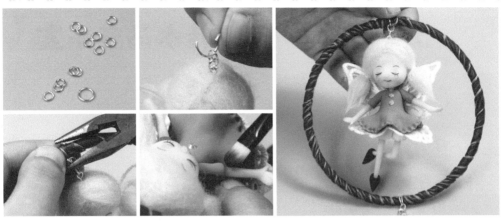

Step 46　用大、小开口圈把小仙女固定在捕梦网圈上，并给小仙女的身体上刷一些粉色色粉，制造出类似真人皮肤的红润气色效果。

Step 47　在捕梦网圈上绑上一节丝带做挂绳。

Step 48　用热熔胶将准备好的蝴蝶结粘在捕梦网圈和羽毛配件相连接的位置，完成小仙女风铃的制作。

3 少女梦境——旋转木马音乐盒

我想通过这个作品营造一种朦胧的梦幻感，也呈现出一个"满眼都是粉红色的少女梦境"。

对于这个作品，我并没有采用主流的冷暖色搭配，而是通过用大面积重复重点色（不同色度的粉红色）、以白色点亮局部和平衡画面颜色等方法，来刻意弱化视觉重点；虽然也给作品加入了少量冷色（绿色和蓝色），但以大量乳黄色作为粉红色的背景色，使作品的整体颜色既粉嫩又不扎眼，同时也强化了作品的整体性。

使用材料 5 工具

- 超轻黏土
- 金色与肤色树脂黏土
- 压泥板
- 擀泥杖
- 音乐盒底座
- 牙签
- 剪刀

- 长刀片
- 凡士林
- 圆头压痕笔（多种尺寸）
- 丸棒（中号、小号）
- 花边刀
- 梳子
- 细节针

- 刀形工具
- 雕塑刀
- 圆头工具
- 抹刀
- 白乳胶
- 强力胶
- 亚克力球半球

- 蝴蝶结模具
- 压花模具
- 点钻笔
- 美甲平底钻片
- 铜棒（直径为1毫米）
- 钳子
- 手工垫板

使用基础色

使用混色

土褐色	沙黄色	乳黄色	珊瑚粉色	樱粉色	粉红色	藕粉色

灰淡黄色	浅天蓝色	梨色	浅藕粉色	葱绿色	淡黄色	深棕色

「 开始制作 」

Step 01　将黄色、红色、黑色黏土按图示比例调和成土褐色黏土。

Step 02　将两块等量的土褐色黏土按图示比例加不等量的白色黏土进行调和，分别调出沙黄色黏土和乳黄色黏土。

Step 03　取乳黄色黏土搓出圆球，再用压泥板压扁，然后用擀泥杖将其擀成大片的黏土片。

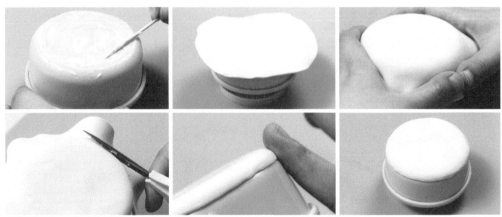

Step 04　在音乐盒底座（以下简称"底座"）上涂上一层薄薄的白乳胶并粘上黏土片，接着用手将黏土片向下按压，使黏土片包住底座，之后用剪刀剪掉底座侧边多余的部分，再用手抹平黏土边缘。

Step 05　取适量乳黄色黏土，先搓成长条，再用手按压，之后用擀泥杖擀成长条薄片。

119

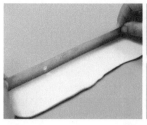

Step 06 用长刀片将长条薄片切成矩形，将其粘在涂有白乳胶的底座侧边，并用剪刀剪去多余的部分，用手抹平黏土接缝处。

Step 07 用手蘸取凡士林，涂抹底座上的黏土接缝处（使接缝处平整、光滑），然后剪掉底座下边多余的黏土，同样用凡士林涂抹边缘，调整边缘的形状。

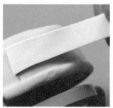

Step 08 将白色黏土擀成比底座侧面窄的白色长条，切成矩形后将其粘在底座侧边，并剪去多余部分。

Step 09 在白色长条上涂一层凡士林，然后用大号圆头压痕笔在边缘压出花边。

Step
10

将粉红色、黑色黏土按图示比例调和成珊瑚粉色黏土。

Step
11

将珊瑚粉色黏土搓成长条并用压泥板压平，再用擀泥杖擀成薄薄的长条。

Step
12

用花边刀将长条切出波浪边，用同样的方法多做几条（确保能够绕底座一圈）。

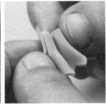

Step
13

采用"Z"形折法将切好的波浪边长条依次折成褶子花边，并修剪褶子花边的宽度。

Step
14

在底座下边涂上白乳胶，把做好的褶子花边绕底座下边粘一圈并裁剪掉多余的部分。

Step 15 参考第3章樱桃蛋糕里黏土链条的做法，搓一些沙黄色黏土链条粘在花边接缝处和顶部接缝处。

Step 16 用细节针确定底座的中心点，再用刀形工具沿中心点划出8等份的浅痕。

Step 17 将白色、黄色、红色、黑色黏土按图示比例调和成藕粉色黏土。

Step 18 取大量藕粉色黏土，用压泥板将其搓成粗一点儿的圆柱，并用剪刀修剪出需要的长度。

Step 19 用长刀片在圆柱上切出一条条竖状条纹。

Step 20 将白色和红色黏土按图示比例调和成樱粉色黏土，然后搓成圆球，再用压泥板压平，作为台阶，注意台阶要有一定的厚度。

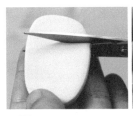  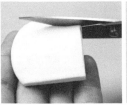 

Step 21 用剪刀将压平的台阶修剪成矩形。

Step 22 重复上述步骤，做出更多台阶并将它们错位粘在一起。注意，台阶面积要从下往上逐渐减小，粘台阶的同时也要修剪、调整台阶整体的背面。

 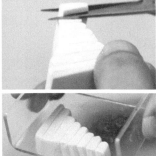 

Step 23 重复叠加台阶，并用剪刀和压泥板共同调整台阶整体的形状，直到做出合适高度的台阶。

Step 24 比照台阶的宽度确定台阶在底座侧面的位置，随后除去台阶位置处的黏土。

Step 25 取适量乳黄色黏土，将其压成片，粘在台阶侧边，再用剪刀修剪形状，作为扶手。

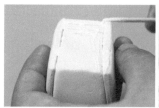

Step 26 在台阶背面涂上白乳胶，将台阶粘在底座上。

Step 27 用沙黄色和乳黄色黏土调出梨色黏土，将其压出长条后，利用手和雕塑刀做出台阶扶手上的装饰。

Step 28 取乳黄色黏土，用蝴蝶结模具翻出若干蝴蝶结。

Step 29 将翻模制作的蝴蝶结粘在底座侧面的白边上作为装饰。

Step 30 在珊瑚粉色黏土中加入白色黏土使其变得更淡。

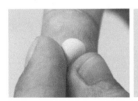
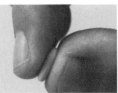

Step 31 取粉红色黏土揉成小圆球，然后轻轻按压，再借助雕塑刀制作出一个心形。

Step 32 把制作好的心形粘在蝴蝶结之间，并用小号丸棒在心形中间压一个凹槽。用同样的方法，在其他蝴蝶结之间都粘上心形，并用小号丸棒在心形中间压一个凹槽。

Step
33
用樱粉色黏土揉出两个圆球，用大号丸棒在圆球上压出凹槽并将其粘在圆柱两端。

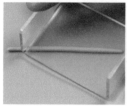   

Step
34
取梨色黏土搓出细条，粘在柱子上作为装饰，注意用剪刀剪去多余的部分。

Step
35
等圆柱完全晾干后，用强力胶将其粘在底座的中心点上。

Step
36
用此前的方法制作沙黄色链条，将其粘在底座压痕上和柱子底部作为装饰。

Step 37 取大量乳黄色黏土揉成圆球，再用擀泥杖将其擀成一个有一定厚度的黏土片，制作旋转木马的顶棚。

Step 38 准备一个直径和底座差不多大的亚克力球半球，在表面涂上一层凡士林后将黏土片包在半球上，并用剪刀剪掉多余部分。

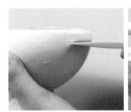

Step 39 根据底座的大小比例，利用刀形工具和长刀片再次修剪顶棚，并用手把修剪好的边缘抹平。

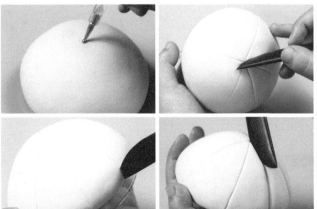

Step 40 用大号圆头压痕笔确定顶棚的中心，在顶棚上用雕塑刀先划出8等份的浅痕，然后再沿浅痕切出较深的切痕。

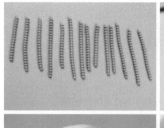  

Step 41 等顶棚完全晾干后将其取下，然后在切痕上涂上白乳胶，并粘上沙黄色链条作为装饰，注意用剪刀剪去多余的部分。

 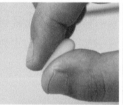  

Step 42 取适量白色黏土搓出一个长水滴，用压泥板压扁。

  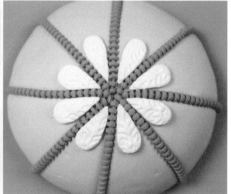

Step 43 用压花模具在长水滴片上压出花纹，再把长水滴花片粘在顶棚上。用同样的方法一共做出8个长水滴花片粘在顶棚上。

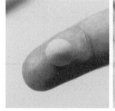  

Step 44 用珊瑚粉色黏土搓出一个两头尖的小细条。

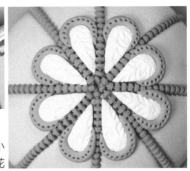

Step 45 将小细条粘在长水滴花片边上，用剪刀修剪造型后，用最小号圆头压痕笔戳出花纹装饰。用同样的方法给所有长水滴花边都粘上装饰条。

Step 46 如图在顶棚下方粘一圈用白色黏土制作出的蝴蝶结。

Step 47 在每个蝴蝶结下边粘一条珊瑚粉色的弧形花边，并用剪刀修剪造型。

Step 48 取一些珊瑚粉黏土搓出一个梭形，用压泥板将梭形压平，得到一个叶子形状，再将叶子形状调整成月牙形状。

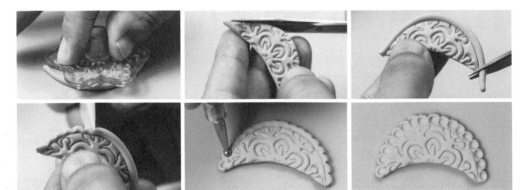

Step 49 用压花模具在月牙形状黏土上压出花纹并修剪大小，然后用前面案例中制作花边的方法给黏土边上加一条装饰花边，做成月牙形花片。

Step
50 剪去顶棚底端的一部分链条，再在顶棚边上涂上白乳胶，粘上月牙形花片。用同样的做法为顶棚底部粘上一圈月牙形花片。

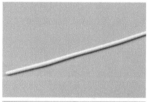

Step
51 搓出白色小细条，按图示将小细条贴着月牙形花片顶端，制作出装饰花纹，并用同样的方法粘一圈。

Step
52 在顶棚顶端加一个珊瑚粉色小圆球，并用刀形工具在小圆球上刻出纹路。

Step
53 在珊瑚粉色小圆球上加两个更小的梨色和白色小圆球，并在每层圆球的接缝处加上金色细条装饰，再在顶端粘一个金色小球。

Step 54 取葱绿色黏土做一些叶子装饰在顶棚尖的下边和蝴蝶结上。

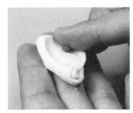

Step 55 用肤色黏土和红色黏土按图示比例调和出浅藕粉色黏土，并用浅藕粉色黏土做一些玫瑰花（其做法参考第3章樱桃蛋糕案例）粘在有叶子的地方。

Step 56 做一些淡黄色的玫瑰花粘在浅藕粉色玫瑰花旁边。

Step 57 选一些喜欢的美甲平底钻片，先用牙签将强力胶涂在顶棚底部的白色花边里，再用点钻笔拾取玫红色平底钻片粘在所有白色花边里作为装饰。

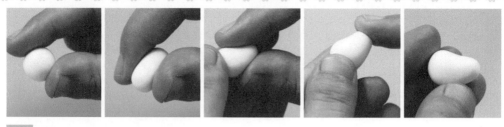

Step 58 用白色黏土捏成图示形状作为小马的头。

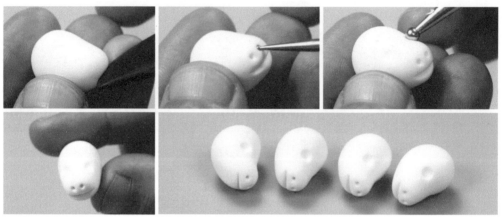

Step 59 借助雕塑刀和大号、小号圆头压痕笔等工具做出小马的嘴巴、鼻孔和眼窝。用同样的方法再制作3个小马的头。

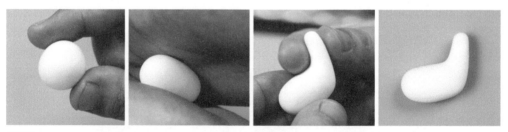

Step 60 将白色黏土搓成圆球，再把圆球搓成长椭圆体，接着把一端搓细并向上折，做出小马的身体和脖子。

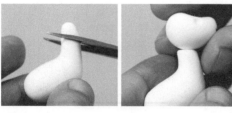
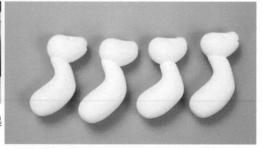

Step 61 修剪脖子的长度，把小马的头和身体连接起来。用同样的方法再做出3匹小马。

Step 62 用白色黏土搓出一端细的小萝卜条做小马的腿，用指腹侧面在腿中间压出腿关节，然后折出膝盖。注意，本案例对马的腿部结构做了简化。

Step 63 用同样的方法做4条腿（注意后腿要粗一些），然后将4条腿粘在小马身上。用同样的方法给另外3匹小马都粘上腿。

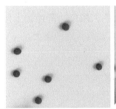

Step 64

搓出一些深棕色小圆球作为小马的眼睛，并将其粘在小马的眼窝里。

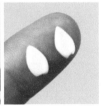

Step 65 用白色黏土捏一个小水滴并压平，用圆头工具在上面压出耳窝，再用剪刀把底部剪平，做出小马的耳朵。

Step 66 把做好的耳朵粘在小马的头上，再用同样的方法给另外3匹小马都粘上眼睛和耳朵。

Step 67 用白色、黄色、红色、黑色黏土按图示比例调出灰淡黄色黏土。

Step 68 用灰淡黄色黏土搓出圆条，并用剪刀修剪出平面。

 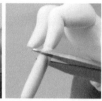 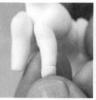 

Step 69 修剪马腿末端，把上一步制作的圆条粘上去，确定好马蹄的长度后剪去多余部分。重复这个操作，给其余小马也粘上马蹄。

Step 70

用白色、蓝色、黄色、黑色黏土按图示比例调和出浅天蓝色黏土。

  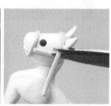

Step 71

用浅天蓝色黏土搓出细条，按图示操作给小马粘上缰绳，并用剪刀剪去多余的部分。

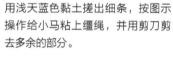

Step 72 搓一条稍宽的黏土条绕过小马腹部，粘在马背上，并用剪刀剪去多余的部分。

134

Step 73 压一个宽度合适的椭圆形小片粘在马背上，并用圆棒工具压出弧度，作为马鞍。

Step 74 用浅藕粉色黏土压一个更窄的短片（注意要薄一些）粘在马鞍上，并用小号丸棒在马鞍中间压一个小洞。

  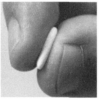  

Step 75 取灰淡黄色黏土搓出水滴再捏扁，并把水滴尖捏长一点儿，作为鬃毛片。

Step 76 用刀形工具在水滴上刻出小马的鬃毛纹路，然后把鬃毛片的尖捏得更长并折出一个小弯钩，粘在小马头上。

 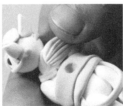  

Step 77 重复上述步骤，多做一些有弯钩的鬃毛片，依次粘在小马的脖子上。

Step 78 用灰淡黄色黏土搓出长梭形，并用刀形工具在长梭形上压出毛发纹路作为尾巴。

Step 79 把尾巴折成一个头大尾小的"S"形，粘在小马尾部。用同样的做法给另外3匹小马都粘上尾巴。

Step 80 在马鞍中间的洞里滴一些强力胶，插入直径为1毫米的铜棒。

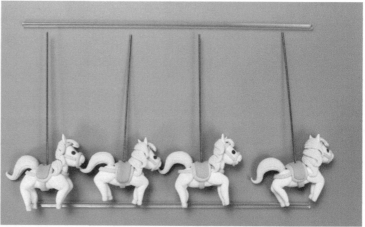

Step 81 比照旋转木马的高度，确定铜棒的长度后用钳子进行裁剪。

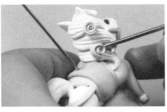

Step 82 借助细节针给小马的鬃毛添加花朵、叶片等装饰。

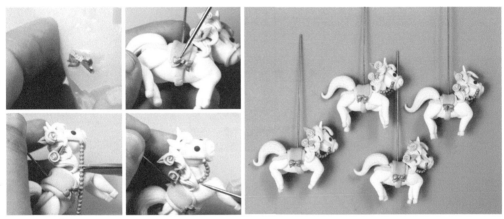

Step 83 取金色黏土，用蝴蝶结模具翻出一些小型蝴蝶结粘在马鞍上，然后搓一些金色小链条固定在小马脖子和头部的缰绳上。

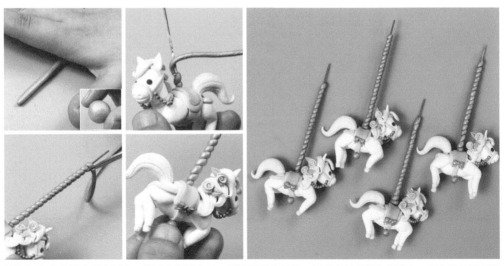

Step 84 取金色黏土搓出长条，随后在铜棒上涂一层薄薄的白乳胶，把金色长条缠在铜棒上，并在马鞍底部粘一个金色小球，等待小马部件晾干。

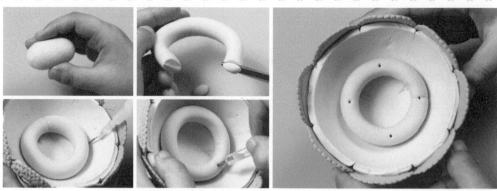

Step
85 用和顶棚颜色相似的黏土搓一根粗长条，把长条两端剪平整后接成一个圆圈，再粘在顶棚内部并用强力胶固定，然后用最小号圆头压痕笔在圆圈上戳4个等分点。

Step
86 把4个旋转木马插在4个等分点里，用强力胶固定，接着在底座圆柱上涂上强力胶，把顶棚粘上去（操作的时候要特别小心，不要把顶棚粘歪了）。

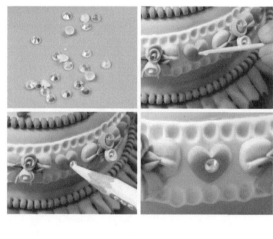

Step
87 在底座的心形的凹槽里粘上美甲平底钻片，这样，少女梦境——旋转木马音乐盒就制作完成了。

第 6 章

我的梦幻主题乐园

神秘又美味的糖果屋

在本案例中，木目采用了低饱和度的冷暖色搭配，将大部分颜色统一调浅，并适当加入亮色来突出视觉重点，如糖果屋屋顶的大红色樱桃；更重要的是，冷色中也加入了暖色进行调和，让冷色（如绿色、蓝色、紫色）变得"不冷"，从而使作品整体看起来比较柔和。只要遵循这个调色思路，你们也可以调出和本案例不一样的颜色来搭配制作，如将房子的颜色换成暖色，地面的颜色换成冷色。

使用材料5工具

- 超轻黏土
- 压泥板（大号、小号）
- 刀形工具
- 雕塑刀
- 尖头工具

- 丸棒（多种型号）
- 圆头压痕笔（多种型号）
- 剪刀
- 长刀片
- 白乳胶

- 细节针
- 七本针
- 牙签
- 镊子
- 勾线笔

- 丙烯颜料
- 珠光水彩颜料
- 亮光油
- 手工垫板

使用基础色

使用混色

 淡黄色
 白绿色
 柠檬黄色
 浅褐色
 浅青竹色
 桃粉色
 肤色
 浅肤色

 棕色
 浅粉色
 嫩绿色
 橘黄色
 浅橘黄色
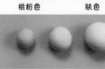 3种色度的浅紫色

140

Step 01 将白色、黄色黏土按图示比例调成淡黄色黏土。

Step 02 取适量淡黄色黏土，将其搓成椭圆柱。

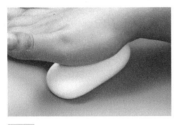

Step 03 用手掌将椭圆柱压扁，作为糖果屋的地面底座。

Step 04 将白色、黄色、蓝色、黑色黏土按图示比例调和成白绿色黏土。注意，在调色过程中如发现颜色偏深，可再加入适量白色黏土进行调和。

Step 05 取适量白绿色黏土，用手搓一个圆柱。

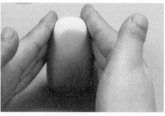

Step 06 用大号压泥板将圆柱压平，并用手调整成图示形状，作为房子的主体。

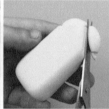
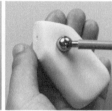

Step 07 用刀形工具在黏土上标明房顶与房檐的位置，然后用剪刀修剪出具体的房顶造型，用中号丸棒在房子上方压一个凹槽。

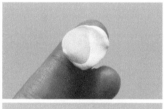

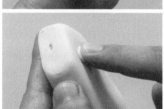

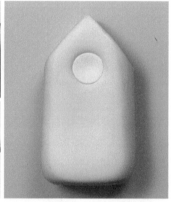

Step 08 用黄色、白色黏土按图示比例调出柠檬黄色黏土后，用这种黏土搓一个小圆球放在凹槽里作为窗户，依次用手和大号丸棒将其压平。

Step 09 将白色、棕色、红色黏土按图示比例调和出浅褐色黏土。

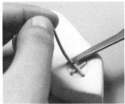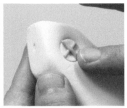

Step 10 用小号压泥板将浅褐色黏土搓成细条，借助剪刀将其粘在窗户上作为窗框。

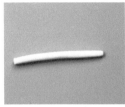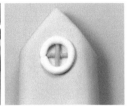

Step 11 准备比窗框稍粗的白色黏土细条，利用剪刀和尖头工具给窗户加上边框。

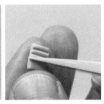

Step 12 用小号压泥板将浅褐色黏土压扁，再剪出一个小方块，然后在小方块上用刀形工具切出横纹作为窗扇，并将其粘在窗户边上。

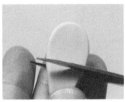

Step 13 用剪刀和长刀片将浅褐色黏土片做成一个木门。

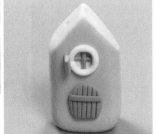

Step 14 在木门上添加一个横条装饰，剪去多余的部分，随后把木门粘在房子上。

 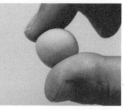

Step 15 用黄色、蓝色、黑色黏土按图示比例调和出青竹色黏土。

Step 16 用青竹色黏土和白色黏土按图示比例调和出浅青竹色黏土。

 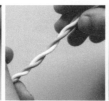  

Step 17 用浅青竹色黏土和白色黏土分别搓两根细条，再将两根细条拧在一起做出彩条。

   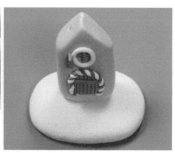

Step 18 用小号压泥板把彩条搓细、搓圆润后，粘在门边做装饰。此时，就可以把做好的小房子粘在底座上了。

   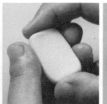 

Step 19 取两份等量的浅褐色黏土，用压泥板将其搓成椭圆后再压扁，同时用手将黏土块大致调整成矩形饼干的形状。

Step 20 用雕塑刀在饼干边缘压出花边，并用小号圆头压痕笔在饼干上戳出小洞。

144

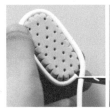  

Step
21

利用剪刀和刀形工具，给饼干做一圈白色花边。用同样的方法做出两个大致一样的饼干屋顶。

Step
22 把两个饼干屋顶粘在房子上，并用手调整出弧度。

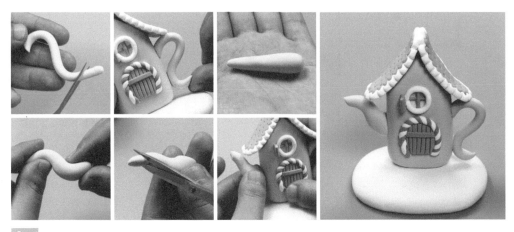

Step
23 用浅青竹色黏土分别给房子做上茶壶的手柄和壶嘴，剪掉多余的部分并将其固定在房子两侧。

Step
24 将红色和白色黏土按图示比例调和成桃粉色黏土，再用桃粉色黏土搓一个椭圆并压扁，做出第1层台阶并粘在房子前。

Step
25
将白色、桃粉色、黄色黏土按图示比例调和成肤色黏土，并用肤色黏土做出小一号的第2层台阶，粘在第1层台阶上。

Step
26
在肤色黏土里再加一些白色黏土调和出浅肤色黏土，用这种黏土做出比第2层台阶更小的第3层台阶，并根据木门的造型用剪刀对台阶的造型进行修剪，调整成合适的形状。

 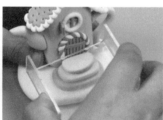 

Step
27
固定第3层台阶，用小号压泥板调整台阶的整体形状。

   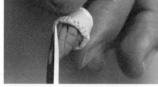  

Step
28
参考第5章冰激凌的制作方法，用棕色、浅粉色和白色黏土做一个圆筒冰激凌粘在房顶。

 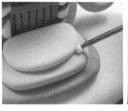  

Step 29 用细节针挑一些湿润的白色黏土粘在台阶有缝隙的地方。

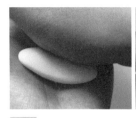   

Step 30 用白色黏土搓一个梭形并压平，再用手指将黏土捏成翘角三角形，做出树的第1层。

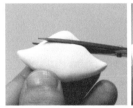   

Step 31 用剪刀把翘角三角形的顶端剪平，再做一个更小的翘角三角形黏土和第1层粘在一起，同样将其顶端剪平。

Step 32 用白色黏土搓出水滴，用手把水滴的尖端捏长，然后用手把黏土捏扁并把尖头做成弯钩，用来做树顶。

Step 33 调整树顶的形状后，将树顶与前面制作的树粘在一起。用同样的方法再做出一棵树。

Step 34 用小号压泥板将浅褐色黏土压成一个厚黏土条，用剪刀将其剪成两半作为树干。

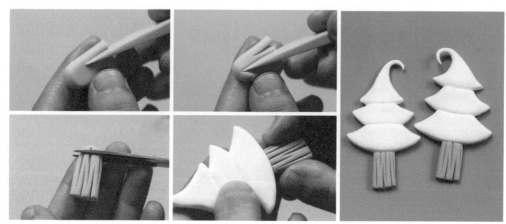

Step 35 用刀形工具在树干上刻出纹路，然后修剪树干的长度，再将树干与树粘在一起。用同样的方法做出另一棵树的树干。

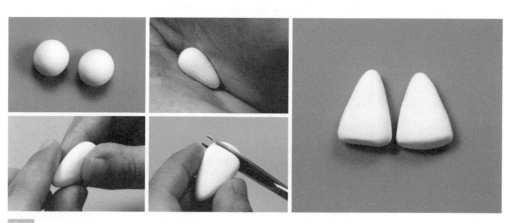

Step 36 准备两个等量的白色圆球，分别搓成长水滴并压扁，再剪平黏土底部作为两棵小树。

Step 37 用七本针戳出小树的纹理。

Step 38 用黄色和蓝色黏土按图示比例调出芽绿色黏土。

Step 39 用芽绿色黏土加白色黏土调出嫩绿色黏土。

Step 40 将用嫩绿色黏土搓成的条分成两半，给两棵小树加上树干，并剪掉树干多余的部分，再搓一个黄色小圆球粘在树顶作为装饰。

Step 41 用橘黄色黏土搓出小圆球粘在小树上作为果子。

Step 42 用白乳胶把小树粘在台阶两旁，把大树的底部剪平后粘在房子后面。

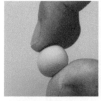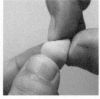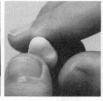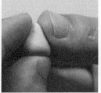

Step 43 取适量浅青竹色黏土搓成圆，按图示用手捏出蘑菇头造型。

Step 44 用大号丸棒在蘑菇头底部压出凹槽。在蘑菇头底部加一层白色黏土薄片，接着用中号丸棒压一下薄片。

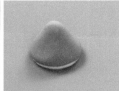

Step 45 用小号圆头压痕笔和刀形工具在蘑菇头里刻出纹路。用同样的方法，多做几个大小不一、造型类似的蘑菇头。

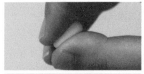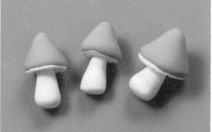

Step 46 取适量白色黏土搓一个小萝卜形，捏扁大头、剪平小头，做出蘑菇的伞柄将蘑菇头与伞柄组合起来。

Step 47 将蘑菇插在牙签上暂时固定，随后用勾线笔蘸取白色丙烯颜料在蘑菇上绘制波点。

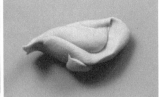

Step 48
将橘黄色和白色黏土按图示比例调和成浅橘黄色黏土。

Step 49 参考前面蘑菇的制作方法，用浅橘黄色黏土和白色黏土制作一些小蘑菇。

Step 50 将红色和蓝色黏土按图示比例调和成深紫色黏土。

Step 51 将3个等量的深紫色小圆球分别与图示比例的白色黏土调和，调出3种色度的浅紫色黏土。

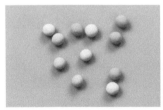

Step 52
用3种色度的浅紫色黏土搓出若干小圆球，然后再准备一些白色长条，晾干备用。

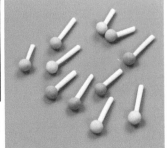

Step 53 将晾干的白色长条剪成小段，蘸取白乳胶后分别与浅紫色小圆球粘在一起，作为小蘑菇。

Step 54 用小号压泥板将拧在一起的白色和嫩绿色黏土长条搓圆润，然后用剪刀修剪长度，再弯折作为拐棍糖。用这种方法一共做了3根拐棍糖。

Step 55 把晾干的拐棍糖粘在房子后面。

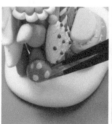

Step 56 借助镊子将浅青竹色蘑菇与少量浅橘黄色蘑菇粘在房子周围。

Step 57 用和底座颜色一样的淡黄色黏土搓一些大小不一的椭圆粘在底座四周，扩大底座的面积。

Step 58 在底座上粘上其余的浅橘黄色蘑菇和浅紫色的小蘑菇。

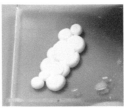

Step 59 搓一些大小不一的白色小圆球，粘在一起并用小号压泥板压平，然后用手将其调整成矩形作为石子小路。

Step 60 修剪石子小路的长度，将其粘在底座中间的位置后再次进行修剪。

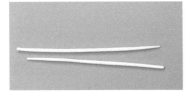

Step 61 用白色黏土搓出长条，按图示折成由大到小的花边，做出台阶两侧的扶手。

Step 62 将扶手的底部剪平后粘在台阶两侧。

用白色黏土做出图示奶油底座粘在房顶上，随后再加上用红色黏土制作的樱桃装饰。

Step
64 用勾线笔蘸取白色珠光水彩颜料，分别刷在台
阶、扶手、冰激凌和浅紫色小圆球等物体上，为
糖果屋增添质感。

Step
65 用勾线笔蘸取亮光油刷在樱桃上，增添其质感。神秘又美味的糖果屋就制作完成了。

② 猫小姐的秘密花园

在本案例中，我采用整体为绿色和粉红色的冷暖色搭配。为绿色植物调色没有具体的标准，大家可以参照我的设计自行调色，重点是每种绿色的色度要有明显的差别，打造不同层次的绿。

事实上，制作这个作品，只要调好了不同程度的绿色，就成功了一大半。

使用材料与工具

- 超轻黏土
- 圆形木塞玻璃罩（直径为10厘米）
- 白乳胶
- 牙签
- 压泥板
- 羊角刷

- 毛球纹理刷（两个）
- 剪刀
- 圆头压痕笔（多种型号）
- 细节针
- 木质雕塑工具套装
- 刀形工具
- 镊子

- 勾线笔
- 丙烯颜料
- 色粉刷
- 色粉
- 细铜棒
- 蕾丝花边
- 缎带
- 热熔胶

- 美甲平底珍珠
- 点钻笔
- 丸棒（多种型号）
- 钳子
- 长刀片
- 蝴蝶结模具
- 珠光水彩颜料
- 手工垫板

使用基础色

使用混色

橡木色　深棕色　白绿色　湖蓝色　海绿色　柠檬黄色　青苔绿色　明绿色　浅草绿色　浅青竹色　青绿色

青藤绿色　浅粉色　浓粉色　珊瑚粉色　苹果绿色　蒲红色　天蓝色　淡黄色　黄绿色　浅橘黄色

Step 01 准备一个直径为10厘米的圆形木塞玻璃罩，并在木塞底座上大致画出地砖和植物的分布区域。

Step 02 将白色、黄色、红色、黑色黏土按图示比例进行调和，由于一开始调出的颜色有点儿亮，因此再加一些黑色黏土调和，最终调出橡木色黏土。

Step 03 用橡木色黏土搓出一些尺寸和形状都不同的小石头，然后在木塞底座地砖的区域涂上一层薄薄的白乳胶并在上面沾满小石头，边沾边用压泥板按压，粘完后再用压泥板把小石头整体压平。

Step 04 将黄色、红色、黑色黏土按图示比例调成深棕色黏土。

Step 05 在木塞底座的植物区域涂一层白乳胶，再把上一步调和的深棕色黏土铺上去作为地面，一边铺一边用羊角刷把黏土刷出土壤的质感。

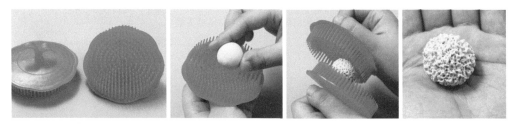

Step 06 拿出两个毛球纹理刷，再取适量白绿色黏土搓成圆球，将其放在纹理刷上，搓成一个毛团作为草丛。

Step 07 用手将草丛压扁并调整成图示形状。用同样的方法一共做出3个有两种不同绿色色度的草丛。

Step 08 用剪刀把草丛的底部剪平，再把草丛粘在地面上。

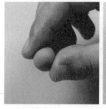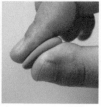

Step 09 取适量海绿色黏土，先搓出大小不一的水滴，再将其捏平。

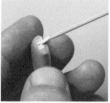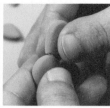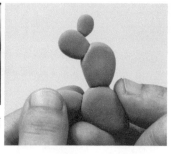

Step 10 用剪刀把水滴的底部剪平，用白乳胶将各个水滴组合并粘成下面大、上面小的仙人掌造型。

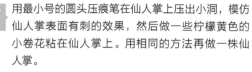

Step 11 用最小号的圆头压痕笔在仙人掌上压出小洞，模仿仙人掌表面有刺的效果，然后做一些柠檬黄色的小卷花粘在仙人掌上。用相同的方法再做一株仙人掌。

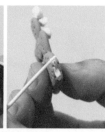

Step 12 用剪刀把仙人掌的底部剪平，然后在底部涂上白乳胶，再将仙人掌粘在地面上。

Step 13 调出青苔绿色黏土并用压泥板搓出两端细中间粗的梭形，然后将其压平做成长叶片。

Step 14 将长叶片放在压泥板上，用刀形工具在长叶片上压出竖向纹理，随后用手捏出叶尖。用同样的方法多做一些长短不一的叶片。

Step 15 把做好的竖条纹长叶片组合并粘在一起，再用剪刀剪平底部做出一丛绿植。

Step 16 把制作好的一丛绿植粘在地面合适的位置，并用手调整每片叶子的方向，让绿植看起来更灵动。

   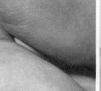 

Step 17 将黄色和蓝色黏土按图示比例调成明绿色黏土，先用手将其压成椭圆，再捏成平角弧形。

Step 18 用雕塑刀在平角弧形黏土片上切出云朵边，一边切一边捏，制作出一体式的矮草丛，随后将其底部剪平，再粘在地面合适的位置。

Step 19
将明绿色和白色黏土按图示比例调和出浅草绿色黏土。

Step 20 借助雕塑刀，用浅草绿色黏土做出小叶子。

Step 21
制作若干小叶子，并将小叶子按3个或2个一组进行粘贴组合，做出一棵棵小草。

Step 22 把小草的底部剪平，再将小草粘在地面合适的位置。注意，将矮的小草粘在前面，高的小草粘在后面，并在后面适当补充一点儿较矮的小草。

Step 23 将白色、蓝色、黄色、黑色黏土按图示比例调和，此处调出来的颜色有点儿深，因此又加了一点儿白色黏土调和出浅青竹色黏土。注意，黏土调色没有特定的标准，大家要根据整体的颜色平衡状况来判断。

Step 24 将浅青竹色黏土捏成长水滴，再压成长水滴叶片，并用雕塑刀压出叶片上的脉络。

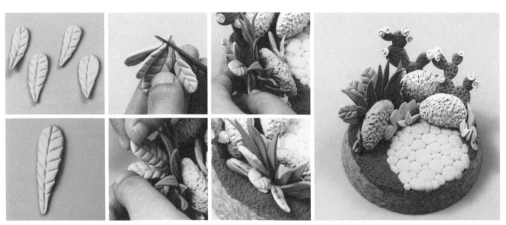

Step 25 用同样的方法多做一些长水滴叶片，把它们组合并粘在一起，再剪平底部做出绿植，将其粘在地面合适的位置。

Step 26

将黄色、蓝色、红色、黑色黏土按图示比例调成青绿色黏土。

 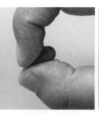 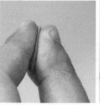  

Step 27 用青绿色黏土捏一些短水滴叶片，并在叶片中间用刀形工具压出中线。

 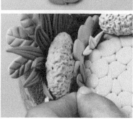

Step 28 多做一些大小不一的短水滴叶片，把它们进行组合粘贴后剪平底部粘在草丛里。

  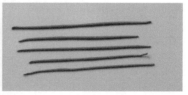

Step 29 用压泥板将青藤绿色黏土搓成一些细长条，用剪刀将其剪成若干长短不一的小段作为花茎。

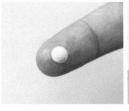   

Step 30 取浅粉色黏土搓成小圆球，用最小号的圆头压痕笔在上面戳出小洞，然后插入一节晾干的花茎。

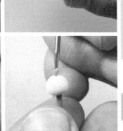 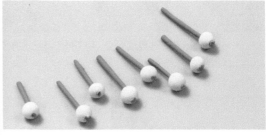

Step 31 将红色和白色黏土按图示比例调成浓粉色黏土，然后用细节针挑出少许浓粉色黏土粘在小圆球顶端作为装饰。用同样的方法多做一些小球枝。

Step 32 组合小球枝，将其用镊子夹住并蘸取白乳胶，再粘在草丛合适的位置。

Step 33 用同样的方法，以浅橘黄色黏土和花径做一些小球枝，将其粘在草丛中。在大面积绿植中搭配零星的暖色，能让作品显得更有层次感。

Step 34
将明绿色黏土和黄色黏土按图示比例调成苹果绿色黏土。

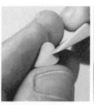

Step 35 将苹果绿色黏土先捏成水滴，用刀形工具把水滴切成心形并在中间刻一道竖纹，做出心形叶片。用同样的方法多做一些叶片。

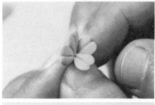

Step 36 将心形叶片按4片一组粘在一起做成四叶草，将其底部剪平并粘在地面上。

Step 37 用毛球纹理刷搓出湖蓝色黏土小团，将其补充在草丛后面的空隙处。

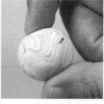

Step 38
在白色黏土里面加一点儿黑色黏土，再用手随意揉一揉。注意不要揉匀，以让黏土带有深色纹路。

Step 39 将调出的黏土捏成形状、大小不一的小石头并粘在植物周围的空隙处。

Step 40 取白色黏土搓一些白色小圆片，用刀形工具将其切成五瓣小花，用小号圆头压痕笔在中间压出凹槽后，在凹槽里加入黄色花蕊，然后把小花粘在颜色较深的矮草丛上。

Step 41 将红色、黄色、黑色黏土按图示比例调成蒲红色（类似暗红色）黏土，用其搓出若干小圆球做浆果，粘在颜色较浅的矮草丛上。

案例中的猫脸制作方法与前面"'咩咩头'胸针"案例中的羊脸制作方法大致相同，区别在于使用的黏土颜色不同。因此，这里不再展示猫脸的详细制作过程。

Step 42 准备蓝色、黑色、白色、红色丙烯颜料。参照第4章"'咩咩头'胸针"案例中的羊脸制作方法，用白色黏土做一个猫脸。

Step 43 用勾线笔蘸取黑色丙烯颜料，沿着眼眶依次画出眼线、瞳孔与睫毛。

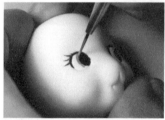  

Step 44 用蓝色丙烯颜料在瞳孔左边描边，并用白色丙烯颜料在眼珠上点出高光。

Step 45 用红色丙烯颜料加黑色丙烯颜料调出暗红色画出嘴巴，再用红色丙烯颜料加白色丙烯颜料调出粉红色画出唇线与眼睑。

Step 46 取适量浓粉色黏土搓一个小圆球粘在嘴部上方，做出猫小姐的小鼻子。

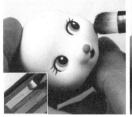

Step 47 用色粉刷蘸取粉色色粉，刷在猫小姐的脸颊和眉毛等位置。

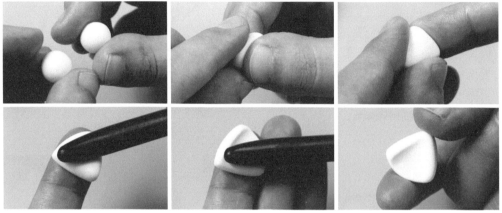

Step 48 用白色黏土搓两个同样的小圆球，用手捏成两个三角形做出耳朵，随后用圆棒工具在耳朵上压出耳窝。

Step 49 剪平耳朵的底部，再把耳朵放在头上对比大小是否合适。

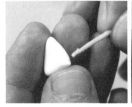

Step 50 用白乳胶把耳朵粘在猫小姐的头上。

Step 51 取适量珊瑚粉色黏土搓一个大水滴，把大水滴放在桌面用手将其圆头搓尖，使其呈圆锥状，作为猫小姐的裙子。

Step 52 用圆棒工具压出一圈裙褶。

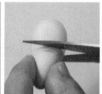

Step 53 用与裙子同色的黏土捏出图示形作为猫小姐的上半身，用剪刀调整其形状。注意，上半身的大小要参照猫小姐头的大小。上半身适当地比头小一点儿，会使猫小姐整体上会比较好看。

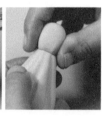

Step 54 剪平裙子的顶端，把上半身粘上去，再剪平上半身的顶部，等待晾干。

Step 55

在身体里插入一根细铜棒，用来连接头部。

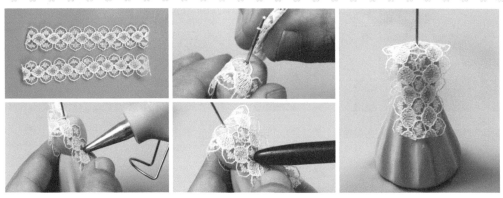

Step 56 准备两条窄蕾丝花边，用热熔胶把花边粘在裙子上作为装饰。

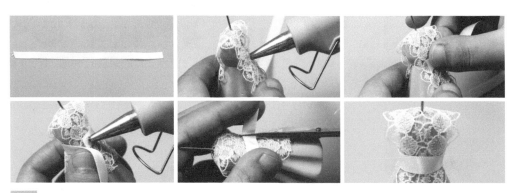

Step 57 再准备一条较窄的白色缎带，用热熔胶将其粘在裙子的腰部位置，剪去多余的部分。

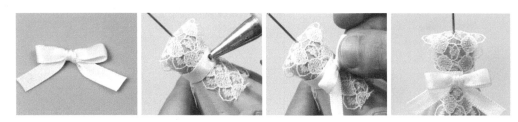

Step 58 用白色缎带做一个小蝴蝶结粘在腰后作为装饰。

Step 59 用热熔胶把美甲平底珍珠粘在裙子上作为装饰。

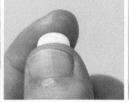

Step 60　搓两个白色小圆球，微微捏扁，用雕塑刀切出脚趾作为猫爪。

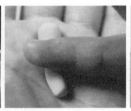

Step 61　取和裙子同色的黏土搓一个一端细一端粗的胡萝卜形做袖子，并用手指侧边按压袖子中间，折出手臂的姿势。

Step 62　用小号丸棒在袖口处压出凹槽，用来连接猫爪，再用雕塑刀压出袖口处的褶皱，用剪刀把袖子上端剪出一个平面。注意，两只袖子的做法是一样的。

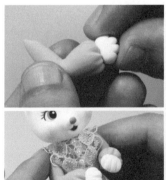

Step 63　把猫爪粘在袖口上做成手臂，再把手臂粘在猫小姐的肩膀上。

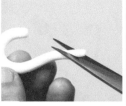

Step 64　用白色黏土搓一根一端粗一端细的长条，用手将其弯折成大致的"S"形，再用剪刀把黏土的一端剪成斜面作为尾巴。

Step 65　等尾巴基本晾干之后，用热熔胶将其粘在猫小姐的身后。注意，此处用热熔胶粘是因为连接处有蕾丝花边。

Step 66　用勾线笔蘸取粉色色粉刷在耳朵，再用色粉刷蘸取粉色色粉刷在爪子以及尾巴尖上，为猫小姐的皮肤增加质感。

Step 67　用细节针挑一些湿润的青绿色黏土粘在地砖缝隙和小石头缝隙里，优化细节，同时丰富画面，最后将猫小姐固定在"地面"上。

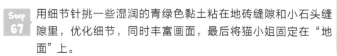

Step 68 拿出细铜棒，比照作品的整体高度后，用钳子将其修剪成合适的高度。然后用钳子将细铜棒的一端做成螺旋状，作为路灯的杆。

Step 69

将白色和蓝色黏土按图示比例调成天蓝色黏土，并用调出的黏土搓一个小圆球作为路灯的灯泡。

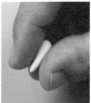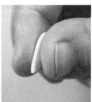

Step 70 用淡黄色黏土捏出水滴形黏土片，并用雕塑刀在黏土片上刻出竖纹。用相同的方法一共制作4片水滴形黏土片。

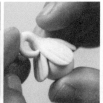

Step 71 把4片水滴形黏土片粘在天蓝色灯泡上，再将黏土片顶部连接的部分捏在一起，搓细后再折成一个圈环，作为路灯。

Step 72

将黄色、白色、蓝色黏土按图示比例调成黄绿色黏土。

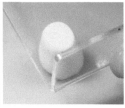

Step 73 把黄绿色黏土先搓出一个小球，再用压泥板来回搓，将其调整成上细下宽的圆柱，作为洒水壶的主体。

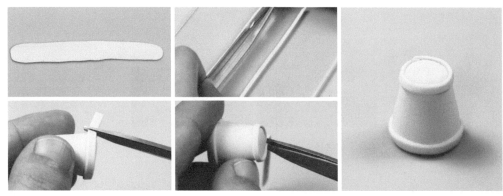

Step 74 将和洒水壶主体颜色相同的黏土擀成长薄片，用长刀片将其切成整齐的细长条粘在洒水壶的主体上作为装饰。

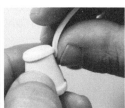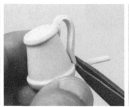

Step 75 切一根稍厚的短条粘在洒水壶主体的侧边作为把手。

Step 76 取适量黏土用压泥板搓一根一端细一端粗的小条，用剪刀将小条的粗端剪出一个斜面后粘在水壶上作为壶嘴，随后修剪壶嘴的长度。

Step 77　用压泥板压一个圆片，再用最小号的圆头压痕笔在圆片上压出一圈圈的小洞，然后把圆片粘在壶嘴上作为花洒。

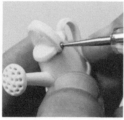

Step 78　在水壶上面制作一个提手，修剪长度后用圆头压痕笔完善提手上的细节。

Step 79

等洒水壶基本晾干之后，把它固定在猫小姐的爪子上，做出猫小姐"双手"托着洒水壶的姿态。

Step 80　参考第2.3.2小节中翻模制作蝴蝶结的方法，做一个淡黄色蝴蝶结粘在猫小姐的头上，并在蝴蝶结中间粘一颗平底珍珠作为装饰。

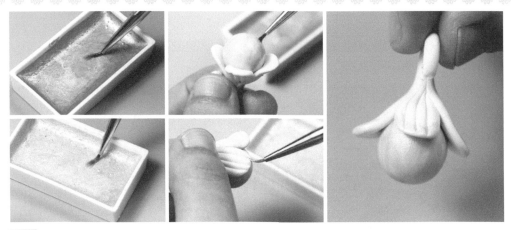

Step 81 等路灯完全晾干之后，给路灯的灯泡与花形灯罩的边缘分别刷上蓝色、黄色的珠光水彩颜料。

Step 82 把路灯挂在用细铜棒制作的路灯杆上，随后将细铜棒插入底座合适的位置，猫小姐的秘密花园就制作完成了。

伙伴们，喜欢木目给猫小姐做的花园吗？你们是不是也想拥有一个这样的花园？其实木目自己也有一个小花园呢，花园里有木目喜欢的橡树果屋、池塘和精灵哦！

池塘边

橡树果屋

飞舞的精灵